济南市技师学院一体化教材

数字应用及问题解决
能力训练

主 编 李晓君 姜立

山东教育出版社

图书在版编目(CIP)数据

数字应用及问题解决能力训练 /李晓君，姜立主编.
— 济南：山东教育出版社，2017

济南市技师学院一体化教材

ISBN 978-7-5328-9962-3

Ⅰ.①数… Ⅱ.①李… ②姜… Ⅲ.①数学—能力培
养—技工学院—教材 Ⅳ.①G634.601

中国版本图书馆CIP数据核字（2017）第215387号

济南市技师学院一体化教材

数字应用及问题解决能力训练

李晓君　姜立　主编

主　　管：山东出版传媒股份有限公司

出 版 者：山东教育出版社
　　　　　（济南市纬一路321号　邮编：250001）

电　　话：（0531）82092664　传真：（0531）82092625

网　　址：www.sjs.com.cn

发 行 者：山东教育出版社

印　　刷：山东德州新华印务有限责任公司

版　　次：2017年9月第1版第1次印刷

规　　格：710mm×1000mm　16开

印　　张：14.5印张

字　　数：200千字

书　　号：ISBN 978-7-5328-9962-3

定　　价：29.00元

（如印装质量有问题，请与印刷厂联系调换）
（电话：0534-2671218）

前 言

　　根据对核心能力已有的研究和认识，结合世界各国的先进经验，从我国的实际情况和职业技能开发的需要出发，我国的职业核心能力标准体系中的核心能力分为八个项目：（1）与人交流；（2）数字应用；（3）信息处理；（4）与人合作；（5）解决问题；（6）自我学习；（7）革新创新；（8）外语应用。

　　职业核心能力是人们职业生涯中除岗位专业能力之外的基本能力，它适用于各种职业，是伴随终生的可持续发展的能力。有的国家又叫"关键能力"（如德国、澳大利亚）或"基本能力"（如美国），可分为职业方法能力（如"自我学习""信息处理""数字应用"）和职业社会能力（"与人交流""与人合作""解决问题""创新"等）。方法能力是指主要基于个人的，一般有具体和明确的方式、手段、方法的能力。它主要指独立学习、获取新知识技能、处理信息的能力。

　　方法能力是劳动者的基本发展能力，是在职业生涯中不断获取新的技能、知识、信息和掌握新方法的重要手段。职业方法能力包括"自我学习""信息处理""数字应用"等能力。社会能力是经历和构建社会关系、感受和理解社会意识、社会活动、社会关系并能与他人和谐相处的能力。它是指与他人交往、合作、共同生活和工作的能力。社会能力既是基本生存能力，又是基本发展能力，它是劳动者在职业活动中，特别是在一个开放的社会生活中必须具备的基本素质。职业社会能力包括"与人交流""与人合作""解决问题""革新创新"等能力。

　　数字应用（application of number）是指根据实际工作任务的需要，通过对数字的采集与解读、计算及分析，在计算结果的基础上发现问题并做出一定评价与结论的能力。自从人类开始进行简单的生产活动以来，人们就开始与数字打交道。原始人类用结绳、画道等方法记录猎物的个数或奴隶的数量。各个民族使用的计数方法不同，当今社会我们使用最多的就是阿拉伯数字。

阿拉伯数字 1、2、3、4、5、6、7、8、9、0 是国际上通用的数码。这种数字的创制并非阿拉伯人，但也不能抹掉阿拉伯人的功劳。

阿拉伯数字最早起源于印度，在公元 500 年前后，印度人就已经开始使用了，大约在公元 8 世纪前后传到阿拉伯，公元 9 世纪阿拉伯人开始使用阿拉伯数字，约在公元 1100 年由阿拉伯人传到欧洲，因此欧洲人称它为阿拉伯数字。阿拉伯数字传入中国是在公元 13 世纪以后，1892 年才在中国正式使用。

现实社会中，我们离不开数字，人们无时无刻不在与数字打交道。每天起床后，你就会有意无意地从广播、电视、报纸、网络等各种媒体中不断地接触到各种各样的数据信息。你要买书籍，你要交水电费，你要领工资，你要买衣服……可以说我们就是生活在这样一个数字的世界之中。那么，这些数据说明了什么？能给我们一些什么样的启发？如何获得我们所需要的各种数据信息呢？通过训练，我们就能顺利解决这些问题。

本课程采用实际的案例分析和任务驱动的训练方法，力求使你学到数据信息采集的常用方法和经验，学会加工、解读数据信息，整理汇总数据并按工作任务要求解答问题。通过训练，将提高你对数字的敏感性和运算的准确性，提升你的职业技能，特别是你的数字应用能力。

训练导航

这是一本供技工院校学生学习与训练职业社会能力的教材。

20世纪末出现的一场波及全球的新技术革命，一方面有力地冲击着传统的产业结构并构建着新的行业；另一方面极大地激发了人们新的需求并改变其消费方式。这种巨大的变革从根本上影响社会职业结构和就业方式的变化。首先，大批新职业以超出人们想象的形式和速度显现在社会生产和生活之中。这些新职业的技术更新快、技术复合性强、智能化程度高，工作的完成更多地需要劳动者善于学习、会解决实际问题并具有改革创新精神。其次，现代职业的工作方式发生了根本变化，社会产品、服务和管理更注重以人为本的理念，工作的完成更多地依靠每一个人的团队合作精神和与人沟通的能力。此外，人们发现不再有终身职业，工作流动加快，许多人在职业生涯中要不断改变职业。不管你现在掌握了什么技术，都不能保证你能成功地应对明天的工作，社会最需要的是能不断适应新的工作岗位的能力。

未来的劳动者需要具备什么样的能力？这个在就业市场上提出来的问题，直接关系到一个人、一个组织能否在激烈的市场竞争中取胜。世界上许多国家和地区都不约而同地提出了一个富有远见的目标："开发劳动者的核心能力。"因此，培养职业核心能力或关键能力，已经成为世界先进国家及地区的政府、行业组织、职业培训机构人力资源开发的热点，成为职业教育发展的趋势。

一、什么是职业核心能力

1. 职业核心能力的定义与类别

职业核心能力是人们职业生涯中除岗位专业能力之外的基本能力，它适用于各种职业，适应岗位的不断变换，是伴随人终生的可持续发展能力。德国、澳大利亚、新加坡称之为"关键能力"；在我国大陆和台湾地区，也有人称它为"关键能力"；美国称之为"基本能力"，在全美测评协会的技能测评体系中被称为"软技能"。世界发达国家和地区都重视职业核心能力的培训。

1998 年，我国原劳动和社会保障部在《国家技能振兴战略》中把职业核心能力分为八项，称为"八项核心能力"，包括：与人交流、数字应用、信息处理、与人合作、解决问题、自我学习、创新革新、外语应用等。

职业核心能力可分为职业方法能力和职业社会能力两大类。

职业方法能力是指主要基于个人的，一般有具体和明确的方式、手段的能力。它主要指独立学习、获取新知识技能、处理信息的能力。职业方法能力是劳动者的基本发展能力，是在职业生涯中不断获取新的技能、知识、信息和掌握新方法的重要手段。职业方法能力包括自我学习、信息处理、数字应用等能力。

职业社会能力是指与他人交往、合作、共同生活和工作的能力。职业社会能力既是基本生存能力，又是基本发展能力，它是劳动者在职业活动中，特别是在一个开放的社会生活中必须具备的基本素质。职业社会能力包括与人交流、与人合作、解决问题、革新创新、外语应用等能力。

2. 职业能力体系的结构和特征

我国原劳动和社会保障部《国家技能振兴战略》把人的职业能力分成三个层次：职业特定能力、行业通用能力和核心能力。

职业特定能力是每一种职业自身特有的能力，它只适用于这个职业的工作岗位，适应面很窄。但凡有一个职业就有一个特定的能力。1999 年，我国编制的《国家职业分类大典》将职业细分为 1838 种。目前，新的职业还在不断产生，所以特定职业能力的总量是很大的。

行业通用能力是以社会各大类行业为基础，从一般职业活动中抽象出来可通用的基本能力。它的适应面比较宽，可适用于这个行业内的各个职业或工种。按行业或专业性质的不同来分类，通用能力的总量显然比特定能力的总量小。

职业核心能力是从所有职业活动中抽象出来的一种最基本的能力，普适性是它最主要的特点，可适用于所有行业的所有职业。虽然世界各国对核心能力有不同的表述，相比而言它的种类是最少的。

3. 核心能力培养、培训的意义

核心能力对职业活动的意义就像生命需要水一样普通，一样重要。对于劳动者、企业和学校分别具有以下现实意义：

对劳动者来说，掌握好核心能力可适应就业需要，利用在工作中调整自我、处理难题，并很好地与他人相处。同时，它是一个可持续发展的能力，可帮助劳动者在变化了的环境中重新获得新的职业技能和知识。有了较好的职业核心能力，劳动者能更好地发展自己，适应更高层次职业和岗位的要求。在德语中，"关键"一词原意为"钥匙"，"关键能力"意味着"是打开成功之门的'钥匙'"。职业核心能力是我们每个人成功的有效能力、基础能力，在现代社会，其重要性日益显现。

对企业来说，人力资源是第一资源，提升员工的核心能力是增强企业核心能力的基础。在激烈的市场竞争中，无论在传统行业、服务行业，还是在高科技行业，核心能力与其他知识和技能一样，都是企业赖以成功的基本要素。在经济竞争中，开发员工的智能能提高工作绩效，提高企业效益，是增加利润的基础。事实上，不少企业在招聘员工时十分注重应聘者的职业道德和核心能力。在企业的内部训练中，除提高员工的岗位技能素质外，不少企业越来越重视职业核心能力的培训。

对学校来说，培养毕业生的职业技能和职业素质是增强就业竞争力的根本所在。职业道德、职业态度和职业核心能力等构成职业的基本素质。人力资源和社会保障部组织开发"职业核心能力培训认证体系"，就是为了更好地、有针对性地培养、培训毕业生的职业基本素质。开展职业核心能力培训和认证，是职业素质教育的平台和重要手段。按照职业生涯的基本要求，明确职业核心能力的基本范围和能力点，在就业之前强化职业核心能力的培训，能有效提高学生的职业核心能力，帮助学生通过职业核心能力的认证，更好地指导学生明确自己的发展目标，为找到满意的工作和未来的幸福生活奠定基础。

因此，培养、培训职业核心能力是一项为就业服务，为企业发展服务，为劳动者终身教育、全面发展服务的迫切任务。

二、怎样培养、培训职业核心能力

核心能力的培养是人一生的课程，每个人都有其先天的基础，不同的人有不同的潜质。事实上，从小开始，每个人都在学习、培养自己的核心能力，学校、家庭、社会都是每个人学习的场所；但不同的生活、学习经历，不同的学习方式和历练过程，不同的人对核心能力的认识以及所获得的职业核心能力存在着较大的差别。职业核心能力培训的目的就在于着力提升学习者已经具有一定基础的核心能力的水平，使学习者系统了解发展自己职业核心能力的方法，全面提高适应职业工作所需要的综合能力。

职业核心能力培训的教学宗旨是：以职业活动为导向，以职业能力为本位。必须通过职业活动（或模拟职业活动）过程的教学，通过以任务驱动型的学习为主的实践过程，在一定的知识和理论指导下，获得现实职业工作所需要的实践能力。

职业核心能力的培训不同于一般的知识或理论系统的教学，其教学目标不在于掌握核心能力的知识和理论系统，而在于培养能力。

1. 职业核心能力的课程设置与培训

实施职业核心能力的培养，可以进行专题性的培训，即开设职业核心能力的课程，通过必修或选修，集中培训，系统点拨和启发；还可以利用周末的时间或在就业前集中一段时间进行专题强化培训，帮助学生全面、系统地提高自己的职业核心能力，增强就业的适应性和竞争力。

实施职业核心能力培养，可以采取渗透性的教学方式，即在各专业课程的课堂教学中重视学生职业核心能力的培养，把职业核心能力的培养渗透在专业的教学过程之中。同时，在第二课堂，在学生的社团活动和社会实践活动中，强化职业核心能力的培养，把它作为隐性的课程，以实现其养成的教育。

职业核心能力的系列教材是为满足中、高等院校实施职业核心能力集中培训的需要而编写的。在组织教学时，根据教学课时的实际，可以分模块开课，让学生按需选修；也可以组合模块培训，即在一年级培训"职业方法能力"，包括"自我学习""信息处理""数字应用"能力等三个模块，二年级培训"职业社会能力"，包括"与人交流""与人合作""解决问题"能力等三个模块，以达到全面学习和系统提高的目的。

职业核心能力培训课程的教学要体现以下原则：

第一，教学目标反映能力本位的主导性。要强调培训课程以培养完成任务和解决问题的实际能力为目标，整个课程要突出以工作现场为条件、以实际任务来驱动，或采取项目贯穿始终的动手能力训练，以能力点为重点，不追求理论和知识的系统与完整。

第二，教学形式的拓展性。要能在各种工作场景或环境中开展教学。除专题讲授外，核心能力的培训还应贯穿在各种课程模块之中，贯穿在各种课外活动、生产实习和社会实践活动之中。

第三，教学组织的多样性。要实现专题性教学和渗透性教学相结合，多渠道、多形式的培养、培训。

第四，教学过程的针对性。学习者的能力在不同模块中会有强弱的差别，即使在同一模块中，对各能力点的掌握程度也会有高低的不同。因此，对学习者来说，已经具备的能力点不必重复学习和训练。

2. 核心能力培训的教材与教学

（1）教学的基本方法：行动导向教学法

核心能力培训除了必要的程序性知识传授之外，更为需要的是通过实际活动进行行为方式的训练；因此，核心能力培训主要应遵循行动导向教学的理念和方法。

行动导向教学法是以职业活动的要求为教学内容、依靠任务驱动和行为表现来引导基本能力训练的一种教学方法。

行动导向教学有很多方法，其中最适合于核心能力培训的方法有项目教学法、角色扮演教学法及案例教学法等。这些教学法主要是通过行为目标来引导学习者在综合性的教学活动中进行"手—脑—心"全方位的自主学习。在这种新的教学方式下，教学目标是一个行为活动或需要通过行为活动才能实现的结果，学习者必须全身心地参与到教学活动的全过程中才能实现教学目标。因此，在整个教学活动过程中，学习者是主角，参与是关键，教师只是教学活动的主持人。教师的责任是通过项目、案例或课题的方式让学习者明确学习的目标，在教学过程中控制教学的进度和方向，根据学习者的表现因人施教，并对学习效果进行评估，从而指导学习者在专业学习和技术训练的过程中全面提高综合能力。

（2）教材的内容组织：学习领域

教材的基本组织单元是职业活动要素，即按职业活动的过程形成学习领域。在一个学习领域中可能涉及多个知识系统，我们不追求知识的系统描述，只选取必需的知识点，以"够用"为度组织学习。教材参照国家《职业核心能力培训测评标准》中的活动要素设置单元，在每个单元学习前引述标准中培训测评的内容作为培训和达标的指引。

（3）教学的基本单位：能力点

本教材每节以能力点或能力点的集合作为基本教学单位。

（4）教学的基本程序：OTPAE 五步训练法

能力的训练需要有科学的方法，要通过有效的程序达到真实有效的效果。根据行动导向教学法的理念，参考国内外先进的职业教育和企业培训的模式，经反复研讨，设计了一个新型的"目标—任务—准备—行动—评估五步训练法"，即"OTPAE 科学训练程序"。在每个能力点的训练中，均按照下列五步训练法组织教学和训练：

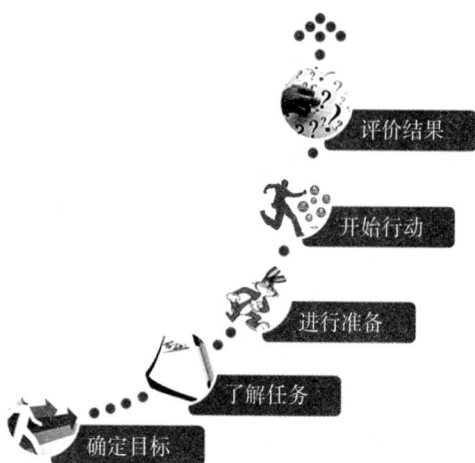

评价结果
开始行动
进行准备
了解任务
确定目标

①目标（Object）：是依据核心能力标准将本节训练的活动内容和技能要求做具体解释和说明。呈现本节特定的学习目标，以使学习者明确学习内容，确认自己学习行动的目的。

②任务（Task）：是对该能力点在实际工作任务中典型状态的描述和意义的呈示。通过列举活动案例，分析能力表现形态，让学习者形成基本认知；通过该能力点运用的意义阐述，形成学习者的学习动力。

③准备（Prepare）：是对理解与掌握该能力点应知内容的列举和说明。知识是能力形成的基础，掌握必需的基本知识以及能力形成的基本方法、程序，是提高能力训练效益的重要前提。

④行动（Act）：是以行动导向教学法组织训练的主体部分和重点环节。立足工作活动过程，采用任务驱动、角色扮演、案例分析等教学方法训练能力。它是示范性和写实性的，是能力培训的落脚点。

⑤评估（Evaluate）：是对本节教学中教师如何评价教学效果和学习者如何评估自己学习收获的一个指引。通过教师、同学和本人的自我监控，及时了解学习的成果，获得有效反馈。

本教材每单元能力点的分解练习之后设计了"综合练习"环节，目的是在能力点的分解动作训练之后，系统集成，通过整个活动的完成，形成完整的能力素质。相信这个以工作任务为载体的完整的训练活动，能使学习者系统地提高能力。

三、为什么要提高职业社会能力

本教材的职业社会能力包括"与人交流""与人合作""解决问题"三个模块，是指与他人交往、合作、共同生活和工作的能力。本教材只培训国家《职业核心能力培训测评标准》中中级阶段能力的内容，适应技工院校学生和中级学习者学习需要。

所谓"与人交流能力"，是指在与人交往活动中，通过交谈讨论、讲演、阅读并获取信息以及书面表达等方式，来表达观点、获取和分享信息资源的能力，是日常生活以及从事各种职业必备的社会能力。本教材所训练的与人交流能力以汉语为媒体，在听、说、读、写技能的基础上，通过对语言文字的运用，以促进与人合作和完成工作任务为目的。

与人交流的能力是人类重要的特征之一，也是人们生存必需的社会能力。人们希望得到尊重、认可及自我实现的心理需求，使人们愿意与人交往。社会生活更促使每个人需要与他人沟通，建立起一定的人际关系。不管是大的国际事务，还是小小的家庭琐事，人们最终不得不坐下来谈判、商议、解决问题，建立起一定的社会人际关系。

在每个人的职业生涯中，无论是求职应聘、入职试用还是晋职发展，与人交流能力常常居于各项能力之首。在招聘现场，几乎所有的职业岗位都提出"与人交流能力强"的要求。在职业发展中，人们花费 10%～85% 的工作时间与人沟通。米兰伯格发现首席执行官几乎每一分钟都在与人沟通。与人交流沟通能力的高低直接影响着每个人的职业发展、社会地位及社会关系的建立。在职业场合中，与人交流能力的高低常常决定着职业活动的成败。

在社会生活和工作中，与人交流的活动有着多种多样的形式，小到一张领料单的填写或与人见面时的问候打招呼，大到一个产品的说明书的编写或重要会议上的主题报告。这些活动能否取得同事、领导与顾客所期望的效果，关键取决于在交流活动中信息发出者，或者说交流活动的主体一方是否具有良好的与人交流的愿望和与人交流的技巧。当一个人停留在某一行业的初级水平时，他也许不需要写很多东西；但当他想做点管理工作时，他就要让自己能够当众清楚地表达自己的思想，并且能够将自己所想的有条理地写下来。当他要争取别人的支持、理解来开展工作的时候，沟通就成为必要的手段和成败的重要因素。与人交流能力的培养和培训，可以提升自己的就业能力和职业发展能力。同样，一个企业着重企业内部员工沟通能力的培训，就会大大增强企业的核心竞争力，使企业的产出与销售及售后服务变得更加高效和富有创造力。

所谓"与人合作能力"，是指根据工作活动的需要，协商合作目标，相互配合工作，并调整合作方式，不断改善合作关系的能力。它是一种从所有职业活动的工作能力中提取出来、具有普遍适应性和可迁移性的核心能力，是从事各种职业必备的社会能力。

现代职业生活中，所有的人，只要做事就要与人合作。在当今社会里，一个完全孤立的人，几乎什么事情也做不成。在公司、学校、政府机关、研究单位等职业环境中，无论是求职、营销、教学、演出，还是设计、制造、管理，都要与人合作。与人合作能力的强弱，是影响职业发展的决定性因素。

合作是广泛的，既要有面对面的合作，也有不必见面的合作，如网络时代的合作。不同国家的电脑程序设计员可以合作编写一个程序。在美国的程序员，白天写好自己负责的一段程序，到了晚上将邮件打包发到印度，那里的程序员正好是白天上班时间，可继续编写另外一段程序。双方长时间合作，各自发挥长处，完全可以不见面。这样广泛的合作，更需要信任、理解、宽容、弥补过失等基本的合作能力。

社会需要善于合作的员工，可是这样的员工明显不足。有些人不善于合作，不仅有性格上的缺陷、意识上的误区，更多的是方式方法问题。其实，很多人很想与他人合作，但是不知怎样去与他人相处。如何表达合作愿望，如何制订合作计划，如何完成合作任务，如何缓解矛盾冲突，如何分享合作成果，一系列的难题摆在年轻一代职业人的面前。

在家庭、幼儿园、小学、中学的教育中，应该逐步培养谦和、让步、求助等合作品质。现状是这样的教育明显不足。而职业场合的熏陶、磨炼的代价太高，有些人明显不适应环境要求，没有等到调整和进步，已经遭到淘汰。有效的职业训练，可以改变一个人通过自身经验而形成的习惯。卓有成效的与人合作的职业核心能力训练，可以帮助员工在比较短的时间内，正确认识自己的个性特点，增长与人合作共事的能力，适应职业发展的要求。

所谓"解决问题能力"，是指能够准确地把握事物发生问题的关键、利用有效资源提出解决问题的意见或方案并付诸实施、进行调整和改进使问题得到解决的能力。它也是一种从所有职业活动的工作能力中提取出来、具有普遍适应性和可迁移性的核心能力，是一种从事各种职业活动都需要的社会能力。

在现实工作中，人们非常重视一个人解决实际问题的能力。可以说"文凭是入门的通行证，解决问题的能力才是生存和晋级的许可证"。在企业，衡量一个人是不是"人才"，重要的标准就是他解决问题的能力。你能解决得了别人解决不了的工作问题，你就是"人才"。能解决"大问题"的就是"大人才"；能解决"小问题"的就是"小人才"；能解决专业问题的就是"专业人才"。

解决问题的能力有大有小、有高有低，并且解决问题还往往和各种各样的专业知识相关联。在本册教材中，我们只学习"解决一般性问题"的能力，侧重于解决问题的思维能力训练，学会问题分析和解决的有效步骤，掌握分析的工具和方法。这种解决一般性问题的能力可以迁移到各种各样的专业领域与职业活动之中。

总之，在职业工作活动中，具备上述职业社会能力是我们生存发展、有效工作的基础能力，也是我们成功制胜所必需的。

四、怎样测评职业核心能力

职业核心能力的认证，主要测评学习者"应知"和"应会"的能力达到的程度。学习者可以通过参加全国性的统考来测评自己的能力达到的程度。考生在通过考核合格后，即可获得人力资源和社会保障部职业技能鉴定中心颁发的职业核心能力水平等级证书。

每个人在参加职业核心能力训练时都有一定的基础，我们相信，通过系统的学习训练，学习者能得到全面的提高，会有长足的进步。

拥有较强的职业核心能力，就拥有了打开成功之门、幸福之门的钥匙；获得职业核心能力培训和认证的证书，就获得了通向成功的护照。

目 录

第一部分　数字应用能力训练

第二部分　问题解决能力训练

第一部分
数字应用能力训练

第一单元 获取数据

数据获取是指利用一种装置，将来自各种数据源的数据自动收集到一个装置中。被采集数据是已被转换为电讯号的各种物理量，如温度、水位、风速、压力等，可以是模拟量，也可以是数字量。数据采集一般运用采样方式，即相隔一定时间（称"采样周期"）对同一点数据重复采集。采集的数据大多是瞬时值，也可是某段时间内的一个特征值。准确的数据量测是数据采集的基础。数据量测方法有接触式和非接触式，检测元件多种多样。不论运用哪种方法和元件，均以不影响被测对象状态和测量环境为前提，以保证数据的正确性。

数据获取含义很广，包括对面状连续物理量的采集。在计算机辅助制图、测图、设计中，图形或图像的数字化过程也可称为数据获取，此时被采集的是几何量（包括物理量，如灰度）数据。

能力培训测评标准

在实际工作过程中，数据的获取渠道越来越多，我们所要完成的任务也变得越来越简单。现实生活中，在采集、解读数据信息时，我们如果能够做到以下几点，就可以完成大部分生活工作的任务要求。

采集：从不同信息源获取相关信息（如从书面、图形或测量观测所得的第一手材料）。

测量：按精度要求进行测量（体积、面积、重量等），用常用单位记录测量结果。

统计：准确统计数目（人数或其他物品的数目），其基础是做出准确的观测与统计（如每小时客流量的统计数）。

读表：解读简单的图表。读懂并能编制坐标图、表格、直方图及示意图。

使用不同的计数方法：读懂各种形式的数，包括负数（如贸易损失、零下温度）、用文字写出的整数、简单的分数、十进制小数、百分数；按精度要求读出一些测量设备的刻度（如精确到毫米）。

计算：在原始数据间做简单的计算，获取新数据，估计总量及部分的比例。

选择合适的方式来获得所需要的结果，包括数据组（如高度、工资和奖金等）。

汇总数据：将解读数据图表并经过简单计算得到的数据分类、汇总，以便按工作任务要求解决问题。

上述的培训测评标准是我们在数字应用活动中的第一个活动要素：采集并解读数据。这个活动要素在初级中包括如下三个基本能力点：

1.收集数据：按精度要求测量，用常用单位记录测量结果，准确统计数目。从不同信息源（如调查、测量、网上查询、其他资料的查询等）中选择合适的方式获取相关数据信息，做出准确统计。

2.读取数据：读懂各种不同形式的数字，解读简单图表。按要求精度读出一些测量设备的刻度，做出准确观测。

3.数据分类：简单计算，获取新数据；汇总数据，对数据分类。对数据进行分类、汇总及编制图表（坐标图、表格、直方图及示意图）。

无论是工作还是生活，只要我们生存在这个世界上，就无时无刻不与数字及数字计算打交道。为了更好地生活和工作，我们必须能够读懂数据、处理和分析数据，并根据所得的结果解决实际问题。

本课程采用行为导向型的教学方法，即用实际的案例分析和任务驱动的教学方法，务求使你分享到数字给你的生活及工作带来的方便和愉悦。通过训练，这些方法和经验将丰富你的知识结构，提升你的职业技能，特别是你的核心能力——数字应用能力。

第一节 初步采集数据

目标： *如何采集正确的数据*

> 目标明确、范围圈定，这是获取数据的关键。

数据采集是数字应用能力中数据处理的第一步，也是最重要的一步。采集数据的质量好坏直接影响今后依据数据进行的决策。通过数据采集活动的训练，能够明确了解采集什么样的数据才有效，掌握采集所需数据的方法和范围，使采集的数据能满足需要并且准确无误，易于得出正确的结论。

现实生活中，我们每天都要与商品打交道，小到日用品，大到家用电器、家具甚至汽车、住房等。每当我们要购买某一商品时，如何才能买到物美价廉、称心如意的商品，是我们每个人需要思考的一个问题。而这些我们都用得到数据采集。为保证数据采集的准确性，我们必须做到以下几点：

1. 明确自己所需要的数据，即需要采集什么样的数据。

2. 确定采集数据的方法，如进行测量、统计（人数或其他物品的数目）、收集图表等。

3. 解读图表中的数据。

了解所需数据内容、确定采集方法及范围，这是获取数据的关键点。认识并掌握这些要点，就为快速、高效、准确地获取数据奠定了基础。

通过本节的学习和训练，你将能够：

1. 根据工作任务的目的要求确定所需的数据，即着手搜集数据时，能够清楚自己需要搜寻什么样的数据，所搜集的数据能否满足自己的需要。

2. 确定数据搜索范围，即能够知道数据的可能来源，懂得可以从广播、电视、报刊、书籍等传统媒体和互联网电子媒体，以及市场、政府部门、图书馆，甚至与朋友交谈等等之中，都可以采集到自己所需要的数据。

3.图表是简单、明了而又形象地显示数据的方式，解读图表是采集自己所需数据的一种途径。能够解读图表，即能通过图表收集数据信息；能够理解表格、图表、曲线图和示意图，从中获取数据信息。

> 两个关键点：1.什么数据有用？ 2.从哪里采集数据？

任务：了解所需数据，确定采集方法

【**案例一**】某公司需要采购一批手机供员工办公使用，但经办人小张对手机的市场情况不太了解，于是他需要收集有关手机的市场信息。

当你计划买手机时，各种品牌、型号、价位琳琅满目，你怎么才能找到符合你需要的手机？

在计划寻找时，以下问题你必须考虑：

1.价格：根据你的经济实力，准备购买什么价位的手机？

2.性能：根据需要，准备购买符合哪些性能要求的手机？

3.性价比：市场上出售的手机性能与价格怎样？

4.收集信息：从哪里采集这些数据？

采集什么数据必须以解决问题、满足需要为基础。

购买手机，要知道什么？

当你着手搜集手机的信息时，你会发现，必须首先确定自己需要了解的问题。采集并解读来自两种不同渠道的数据信息，其中至少有一个信息源来自图表。

1.根据需要，准备购买具备什么性能的手机？

2.根据经济实力，准备购买什么价位的手机？

3.市场上有哪些品牌的手机？

4.它们的性能如何？

5.它们的价格是多少？

6.哪个商店售价便宜？

要获取数据信息，下一步就必须根据所要获取数据信息的具体内容确定搜索范围。只有明确目标，有针对性地进行搜索，你才能快速查寻到所需数据。

为有目的地收集手机价格，小张请示公司领导，确定计划每个手机价格为 2000～3000 元，双卡手机（公司专用号码、私人号码），内存 4G。

从哪里能够获得所需要的数据信息呢？

当你确定好需要查询的手机数据信息时，需要进一步考虑的是：我要到哪里寻找？从哪里能够查找到这些信息？你必须设想有可能发布手机数据信息的来源，并把这些可能的来源列出来。

1.互联网。在新浪、搜狐、网易等门户网站的"消费数码"里，有大量的手机信息，同时在中关村在线等购物网站里也会有很多手机的资讯。

2.市场。如果你在北京，北京有中关村市场、海龙大厦、科贸中心等。

3.交谈访问。与买过手机的同事、朋友、亲戚交谈，也往往能得到许多有关手机的信息。

确定的过程要避免茫然元素，目标的搜索力求快捷、准确。

小张通过哪些渠道获得了所需手机的信息？

他浏览了"淘宝网"查阅"手机"，得知市场上手机有 27264 种。

为减少数据量，小张以自己公司计划花费 2000～3000 元、双卡、运行内存 4G 以上的要求为关键字再次搜索。

筛选后有 53 种，接下来我们一起帮他完成任务。

最终，小张买了_____品牌____型号手机，____屏，____内存，____核处理器，价格_____元。单位领导和员工相当满意。

【案例二】小王需要对高三学生肥胖状况做一次调查，他需要获得十名男同学的身高、体重等数据。如果是你，你应该怎样做呢？

1.选择适当的测量工具（皮尺、体重仪、身高体重测量仪）。

2.运用正确的测量方法，确定测量单位（厘米、千克）与精度（整数位）。

小王组织班中十名男同学到校医院利用身高、体重测量仪测量。为了获得准确的数据，他校准测量仪的零点，采用正确的观测方法，测得班上这十名男同学的身高、体重数据。（如表 1–1–1 所示）

表 1–1–1　　　　　身高体重测量表

身高 H（cm）	176	168	178	181	167	172	176	174	171	178
体重 W（kg）	68	61	69	69	73	71	64	65	59	65

以上两个案例都是我们工作和生活中经常会碰到的任务，当接到类似的任务后，我们首先要明确：

1.需要收集的数据类型。

2.确定获取数据信息需搜索的范围及获取数据的方法。

这就是我们在数据采集中必须具备的两个能力点，即应会的两个要点。

如何通过训练获得这种能力呢？下面我们通过具体的案例操作练习及案例解决过程的分析，总结收集数据的步骤。

准备：明确所需数据和搜索范围

一、明确所需数据的内容

1. 了解并明确数据的内容

采集数据的关键点之一，就是在接受某项任务时，能够了解并确定所需要采集的数据内容，即你要思考：这项任务我要查找什么？需要哪些方面的数据？哪些数据能帮助我解决必须解决的问题？这些问题就是数据内容。确定了所需要的数据内容，就为下一步工作奠定了基础。

2. 数据内容由"需要"确定

数据内容如何设定，必须与数据采集的目的相联系，是"需要"驱动你去采集数据的。"需要"形式多样，在工作和生活中随处存在。如领导或上司安排你搜集某项业务进展情况的资料，或日常生活中你计划实施某项活动而需要了解相关数据等，都离不开一个中心点，即搜集什么数据、搜集哪些数据是以满足某种"需要"为目的的。

我们要明白，采集数据只是手段，目的才是根本。因此，在进行数据采集时必须先要明确数据采集的目的是什么、有什么要求，以此来设定要采集的数据内容。明确所要采集的数据内容，是保质保量完成数据采集任务的前提条件。

例如，前面案例一中的那些问题就是根据"购买手机"这个目的来设定的，从实际需要出发，根据经济实力，事先把需要了解的问题尽可能考虑得仔细和详尽，这样，根据这些事先设定好的内容进行采集，所采集到的关于手机的数据就会较全面，就能满足选择的需要。

二、采集数据的两种途径

1. 通过直接调查或测量得到原始数据

专门调查是获取社会经济数据的重要手段，其中有统计部门进行的统计调查，也有其他部门或机构为特定目的而进行的调查，如市场调查等。在科学实验中，通过观测获取自然科学数据等是主要手段。

读懂常用测量设备（手表、卷尺、量杯、天平、温度计等）的刻度及单位（分钟、毫米、升、克、度等），能够运用测量设备对所需观测的量进行测量。这对正确获取数据起决定性作用。

2. 通过上网或查阅资料等渠道获取二手数据

通过直接调查或科学实验获取第一手数据当然很好，但是对大多数使用者来说，每件事都亲自调查往往是不现实的，也是不可能的。通过上网或查阅资料等其他渠道可以获取别人调查或科学实验得到的第二手数据。利用第二手数据对使用者来说既经济又方便，但是使用时应注意数据的含义、计算口径和计算方法，以避免误用或滥用。同时，在引用二手数据时，一定要注明数据的来源，尊重他人的劳动成果，保护知识产权。

三、了解可以获取数据的信息源，确定数据采集范围

要想获得数据，你首先要知道数据藏于何处，在哪里可以获得数据，通过哪些途径可以获得数据。了解可以获取数据的信息源是获取数据的关键点之一。在明确所要采集的数据内容后，能够确定数据可能的来源范围，知道搜索方向，在所确定的范围内进行采集，这是快捷高效获取所需数据的必要条件。

图 1-1-1　数据信息来源

可以获取数据的信息源有许多，下面是主要的信息源。

1. 网络媒体

互联网可以说是一种新型的信息平台，具有信息量大、查找便捷的特点，我们需要的各种知识和信息几乎都可以在互联网上找到，数据当然也不例外。你可以利用搜索引擎非常便捷地检索到需要的数据。

2. 政府部门

政府的有关部门，尤其是统计部门，是最权威的数据信息源。各级政府的统计部门每年都会收集各种重要数据，有些还会向社会公布。你可以通过政府有关部门，如统计部门，获取所需数据。

3. 报刊、书籍

报刊、书籍是重要的数据信息源，尤其是历史性数据，大多要从其中获得，而许多数据处理工作都是离不开历史数据的。你可以充分利用身边的图书馆、资料室，通过查阅图书、报刊获得自己需要的信息。

4. 市场

市场是最大的数据信息源，汇聚了生产、流通、消费等各方面的数据。大量的数据处理工作都需要通过市场调查获取数据，如某种产品的生产预测或某种商品的销售预测等；因此，你可以通过市场调查获取自己需要的数据。

5. 电视、广播

作为大众传播工具，电视、广播具有承载信息量大、内容广泛、分类编辑、覆盖面广的特点。许多时效性强的重要信息，都会通过这些媒介向社会传播。不过，节目的播出有特定的时间，会有一定的局限。

6. 报表、年鉴

公司以及有关社会组织的财务报表及账册是最为直接的数据信息源。如有可能查阅有关报表和账册，将会直接获得最为真实可靠的数据。各种统计年鉴、世界经济年鉴、世界发展报告等，是公开的最可靠的数据信息源。

7. 知情人、朋友、客户的意见

这往往是获取数据的重要途径，他们的意见、经验可以使你节省搜索时间。

8. 调查

现场调查、发放调查表，可以获取你关心的数据。

四、解读图表获取数据

获取数据的又一个关键点，就是正确理解表格、图表、曲线图和示意图的准确含义，读懂用不同方式表达的数字（整数、分数、小数、百分比等）。

在日常生活中，在上网、看电视或阅读报刊时，往往能够看到大量的图形和表格。统计表把杂乱的数据有条理地组织在一张简明的表格内，统计图把数据形象地显示出来。显然，看图表比看一堆枯燥的数字更有趣，从图表中解读出我们需要的数据是采集数据的又一基本技能。

——图表各式各样，首先，你要能理解它，看懂它。

图表中的总量是多少？部分量占总量的比例是多少？知道了前两项如何求部分量？

——寻找图表的规律性，你能够从解读中发现或挖掘出有价值的数据信息。

理解表格、曲线图和示意图中表示的量及量与量之间的关系。

【案例】图 1-1-2 表示城市 A 和城市 B 某年降雨量的变化情况。

请填写：

城市 A 月最高降雨量大约是_____，月最低降雨量大约是_____。

城市 B 这一年的最高降雨量大约是_____，最低降雨量大约是_____。

这一年的最高降雨量、最低降雨量大约是在什么时间？

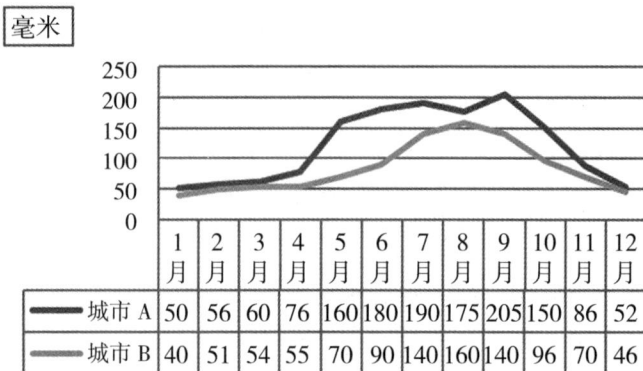

毫米

	1月	2月	3月	4月	5月	6月	7月	8月	9月	10月	11月	12月
城市 A	50	56	60	76	160	180	190	175	205	150	86	52
城市 B	40	51	54	55	70	90	140	160	140	96	70	46

图 1-1-2　降雨量变化图

要想准确、快速采集所需数据，必须借助一切可能的手段和条件。拥有较丰富的资源、具备一定的物质条件，这是采集数据的保证。所以，在着手采集数据时，你要尽可能地掌握各种资源，并能够利用这些资源进行采集。

一般而言，采集数据所需要的资源包括哪些呢？常用的有计算机、报刊、市场情报、人际关系等。你只有熟悉并充分利用这些资源，才能够快速采集到自己所需数据。

> 资源意味着你可以利用的条件和手段，在确定了数据内容和采集方向后，下一步就必须利用现有的资源进行搜索。关键在于：你是否熟悉这些资源，在准备搜索信息时能否确定需要利用哪些资源，你需要考虑的是利用哪些资源采集数据最快捷、最节省。
>
> 熟悉并利用现有资源，就能最快捷、最节省地获得所需信息。

行动力！

行动：确定数据内容及搜索范围

聪明的业务员小赵为了向经理汇报，把当月洗衣粉销售总量中各品牌洗衣粉市场占有率的调查数据列表如下：

表1-1-2　　　　　　　洗衣粉市场销售情况表

雕牌	立白	碧浪	白猫	浪奇	其他品牌	合计
584	785	689	457	245	179	2939
19.87%	26.71%	23.44%	15.55%	8.34%	6.09%	100%

然后又做成统计图（见图1-1-3）提交给经理。想一想：经理从图中能获得哪些数据？

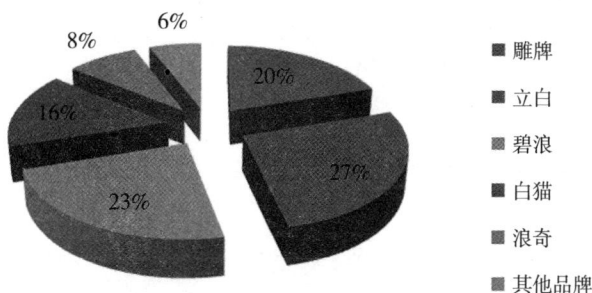

图1-1-3　各种品牌洗衣粉的市场占有率

想一想

【活动一】奶粉的市场调查

传闻XXX奶粉的广告有虚假成分，有关部门要求提供市场上奶粉的品牌、价格情况，以便质检部门安排检验。请你想一想：可以通过哪些途径找到所需要的数据？

活动提示（见图1-1-4）：

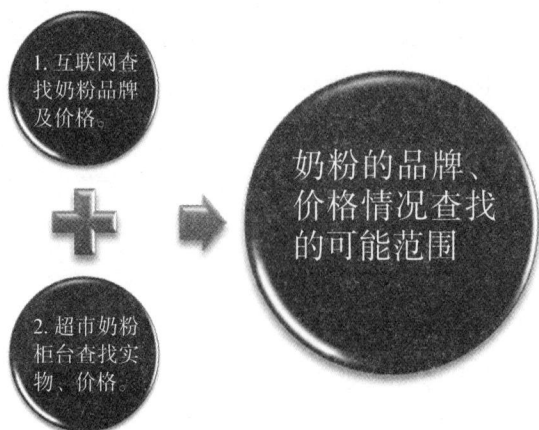

1. 互联网查找奶粉品牌及价格。

2. 超市奶粉柜台查找实物、价格。

奶粉的品牌、价格情况查找的可能范围

图1-1-4 奶粉资料查找范围

【活动二】看图表获取数据信息

下面的图表来自中央电视台《东方时空——让数字掌握生活》节目的部分调查。

1. 关于自主创业的调查（12463人参与调查）

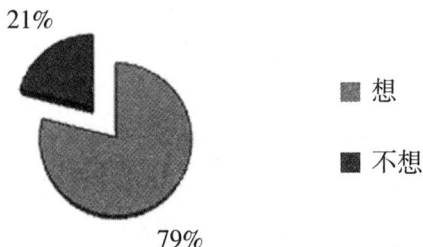

21%

79%

■ 想
■ 不想

图1-1-5 自主创业意愿

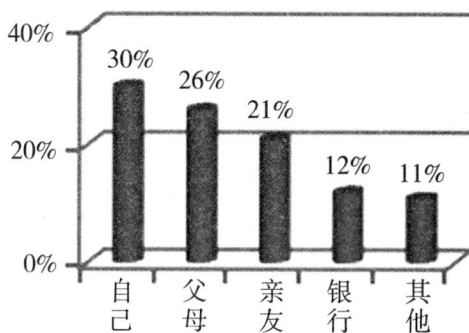

图 1-1-6 第一笔启动资金的来源

2.关于聚餐的调查（1419 人参与调查）

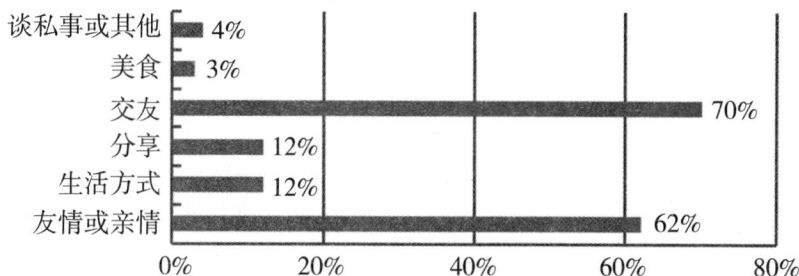

图 1-1-7 参加聚餐的主要目的

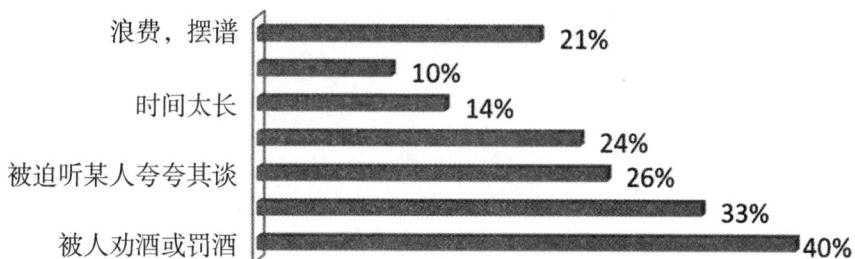

图 1-1-8 参加聚餐的痛苦

通过上述几组图表，你能够获取下面的数据吗？

1.不想自己创业的人为 2617 人，第一笔启动资金来自银行贷款的为 1496 人。

2.聚餐的主要目的是和老朋友或亲人联络感情的为 880 人，聚餐时不得不过量饮酒的为 568 人，认为城镇居民主要的社交方式为聚餐的有 170 人。

数据搜集三要点：

1. 数据收集的内容须以客户或自身的需求为基础，以满足需要为目的。

2. 数据搜索范围由所要搜集的信息内容所决定，以快速高效、准确搜索为目标。

3. 资源准备和利用应以搜索数据最快捷、最节省为原则。

评估：是否掌握了获取数据的要点

小张刚参加工作，需要买笔记本电脑，其月收入不高，想分期付款（总额不超过 6000 元），其笔记本电脑主要用于文字处理和网页浏览。请你帮他选择。

作业目的：

能够掌握获取数据的关键点，即在接受某项搜索任务时，能够独立思考并确定所需数据及搜索范围。

作业步骤：

第一步：

第二步：

第三步：

最终选择了＿＿＿＿＿＿＿＿＿＿＿，其特点是＿＿＿＿＿＿＿＿＿

第二节　信息的获取过程

目标1：了解信息来源的主要途径

当今世界已进入信息时代，信息无处不在，无时不有，随时随地地等待着我们去获取与处理。我们首先要解决的问题是了解信息来源的主要途径。

1. 直接获取信息

直接获取信息主要是通过人的感官与事物接触，使事物的面貌和特征在人的大脑中留下印象，这是人们认识事物的重要渠道之一。例如：实践活动，包括参加社会生产劳动实践和参与各种科学实验等；参观活动，包括观察自然界和社会的各种现象等。

2. 间接获取信息

间接获取信息就是用科学的分析研究方法，鉴别和挖掘出隐藏在表象背后的信息。例如，通过人与人之间的沟通以及查阅书籍报刊、广播影视、电子读物等获取信息。

目标2：掌握信息获取的过程

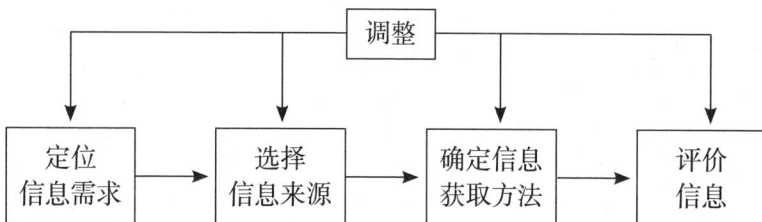

图 1-2-1

1. 定位信息需求

信息需求包括所需要的信息和要求，表现在以下几个方面：一是信息的时间范围；二是信息的地域范围；三是信息的内容范围。简单地说就是要明确"获取什么时间什么地方的什么样的信息"，如"获取周日郊区的天气预报信息""获取奥运会历史上的各种信息"。准确定位信息需求，不仅可以确保信息的时效性和针对性，而且可以减少信息获取的工作量。

2. 选择信息来源

信息技术的五次革命使信息来源变得丰富多彩，下表是信息来源的一种分类方式。

表 1-2-1　　　　　　　　　信息来源的分类

文献型信息源	报纸、期刊、公文、报表、图书、辞典、论文
口头型信息源	通过交谈、聊天、授课、讨论等方式进行口头相传的信息
电子型信息源	广播、电视、电话、因特网
实物型信息源	博物馆、展览馆、动物园、销售市场等各类公共场所

以上表格只是对信息来源的粗略划分。如果进一步细分，则涉及什么报刊、哪本书、哪个电视频道、哪个网站、什么场所等，比如"获取奥运知识"的信息源"书籍"就有图书馆和书店等，而书店的类型和大小又有所不同。另外，不同的信息来源还相互结合、相互补充、共同发展，为用户提供良好的信息服务。

既然信息来源如此丰富且各具优点，那么如何选择合适的来源就显得非常重要了。正如"获取奥运知识"那样，首先可以根据需求和已有条件去掉一些不合适的信息来源，再从最方便、性价比最好的信息来源开始尝试，如果无法获取需要的信息，则需要再做选择；又如"获取周日郊区的天气信息"，我们可以根据自己的情况选择上网查找或看电视上的天气预报等。

3. 确定信息获取方法

由于信息来源的技术特点不同，信息获取的方法也多种多样。比如，进行有关问题的现场调查可以采用观察法、问卷调查法，也可以使用访谈法等；又比如，去图书馆借书可以利用书架上的图书分类进行查找，也可以用卡片式的检索方法查找，如果有计算机检索系统那就更方便了。因此，我们可以根据信息需求和已有条件采用恰当的获取方法，如"获取奥运知识"中就利用了书店的计算机查询系统。现在，利用计算机网络获取信息已越来越广泛。

4. 评价信息

评价信息是有效获取信息的一个非常重要的步骤，它直接涉及信息获取的效益。评价的依据是先前确定的信息需求，比如信息的数量、信息的适用性、信息的载体形式、信息的可信度、信息的时效等。实际上，只要我们利用信息，都会有意识或无意识地评价信息。

信息的鉴别与评价大致从三个方面考虑：

（1）从信息来源的权威性进行判断；

（2）从信息的价值取向进行判断；

（3）从信息的时效性进行判断。

如果所选择的信息不能满足人们的信息需求，就需要进一步明确信息需求，重新选择信息来源和适时调整信息获取方法以再次获取信息。在获取复杂信息的时候，我们往往需要综合利用多种信息来源和信息获取方法。

目标 3：掌握信息获取的工具

扫描仪扫描图片、印刷文字，并能借助文字识别软件 OCR 自动识别文字。

录音设备可采集音频信息。

数码相机可采集图像信息，部分相机还有摄像功能。

数码摄像机可以采集视频和音频信息。

计算机可以获取来自光盘、网络和数码设备的多种类型的信息。

图 1-2-2

【案例】日本三菱重工集团揭开大庆油田的秘密

1964年4月20日，《人民日报》发表了社论《大庆油田大庆人》。

1966年7月《中国画报》刊登了表彰大庆油田炼油厂的照片。《人民日报》一则新闻报道："王进喜到马家窑，说了声：'好大的油田呀！我们要把中国石油落后的帽子甩到太平洋去！'"。

下面是几张当时报纸上刊登的照片。新中国成立初期，报纸是当时最大的信息载体。文字配合图片，在当时来说，最大限度地保证了信息的准确性和真实性。

日本人由上面的报道获取了如下信息：

1. 通过铁人王进喜身穿大皮袄的样式及下着鹅毛大雪的照片，推断出大庆可能位于东三省的结论。

2. 通过《人民日报》新闻报道中"王进喜到马家窑，说了声：'好大的油田呀！我们要把中国石油落后的帽子甩到太平洋去！'"，推断出马家窑就是大庆的中心。

3. 从报刊报道的大庆设备是肩扛人抬，又得到一个推断：马家窑离火车站不远。

4. 通过王进喜参加中央会议的报道，推断大庆已经大量出油。

图1-2-3　王进喜用身体搅拌水泥

5. 根据《人民日报》一幅照片上钻台手柄的架势，计算出了油井的直径。

6. 根据中国国务院的工作报告推算，把全国石油产量减去原来的石油产量，剩下的就是大庆的油量。

结果：20世纪60年代，中国大庆油田还处于保密时期，但是日本人却最先判断、分析出大庆油田的情况，三菱重工迅速集中大量专家和人员，在对所获情报进行深入细致的处理之后，全面设计出适合中国大庆油田的采油设备。果然，中国政府不久向世界市场寻求石油开采设备，三菱重工以最快的

图 1-2-4　王进喜身穿皮袄

图 1-2-5　王进喜手握钻台手柄

图 1-2-6　毛泽东、周恩来接见王进喜

速度和最符合中国要求的设备一举中标。

分析日本人获取大庆油田情报的过程：

1. 确定信息需求（指需要获得怎样的信息）：大庆油田及其产油量和规模。

2. 选择信息来源（通过哪些途径来获取）：报纸、期刊。

3. 采集信息：阅读报纸、期刊。

4.保存信息：对保存的信息进行多维度观察和推理分析，进行信息挖掘，从而获得了重要的情报信息。

> 获取信息的过程：确定信息需求 ⟶ 确定信息来源 ⟶ 采集信息 ⟶ 保存信息 ⟶ 评价信息。

评估：是否掌握了获取信息的要点

测一测：

小王对市区新开盘的＿＿＿＿＿＿很感兴趣。据开发商宣传，该楼盘是学区房，配套中小学皆为知名中小学分校。请你帮助小王进一步搜集该楼盘的学区房信息。

该楼盘的学区房信息，我们可以通过多种渠道搜寻。比如，询问该小区已入住的居民，到区教委咨询，查看所涉及中小学的官方网站，拨打市民热线"12345"等。

第一步，确定信息搜索渠道：

第二步，采集信息：

第三步，保存信息：

第四步，信息评价：

第三节 网络信息的搜取

目标1: 掌握计算机网络检索这一信息获取的快捷手段

准备: 了解因特网和网络检索的有关知识

模块1:因特网的服务功能

1. 电子邮件(E-mail)

它是最基本、最重要的服务功能,是最为便捷的全球通信工具之一。

2. 文件传输(FTP)

通过文件传输协议可将不同计算机之间、不同操作系统间的文件进行传递。

3. 远程登录(TELNET)

通过远程登录协议可将本地计算机作为远程计算机的终端进行工作,充分共享网络资源。

4. 电子公告牌系统(BBS)

该系统主要进行信息的发布和讨论。

5. 信息浏览与检索(WWW)

通过浏览器可浏览信息和检索信息。

6. 电子商务(EC)

通过网络进行商务数据交换并开展商务活动。

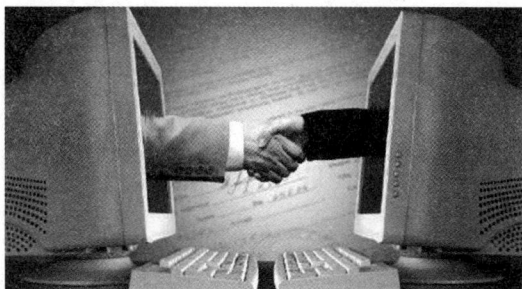

图 1-3-1

模块 2：搜索引擎及其类型

搜索引擎指用于因特网信息查找的网络工具。按工作方式分为全文搜索引擎和目录搜索引擎。它们是因特网上常用的两类信息检索方式，都是综合信息检索工具。

由于目录索引类搜索引擎与全文搜索引擎检索有各自的优点和缺点，目前它们谁也无法完全取代谁，于是很多搜索网站都同时提供这两种类型的服务。

1. 全文搜索引擎（关键字搜索引擎）

原理：使用自动索引软件（搜索器，也称"网络机器人"或"网络蜘蛛"）来搜集和标记网页资源，并将这些资源存入数据库。当用户输入检索的关键词后，它在数据库中找出与该词匹配的记录，并按相关程度排序后显示出来。

特点：由自动索引软件生成数据库，所收录的网络资源范围广、速度快、更新及时。

缺点：缺乏人工干预，准确性差。

2. 目录索引类搜索引擎（分类搜索引擎）

原理：一般采用人工方式采集和存储网络信息，依靠手工为每个网站确定一个标题，并给出大概的描述，建立关键字索引，将其放入相应的类目体系中。

特点：在查询信息时，事先可以没有特定的信息检索目标（关键词），通过浏览主题了解某一主题的相关资源。目录型搜索引擎的网页由人工精选，网页内容丰富，学术性较强。

缺点：数据库的规模相对较小，收录范围不够全面，更新周期较长，有时可能会造成链接失败。

代表：搜狐、雅虎、新浪、网易等。

3. 特色信息检索工具

例如：MIDI Explorer 搜索 MIDI 文件，"图行天下"搜索图形文件。

4. 其他信息检索工具

例如：北大天网 FTP 搜索引擎。

5. 元搜索引擎

一种搜索引擎一般适用于一项任务。为了获得较好的结果，需要为每一项任务选择恰当的搜索引擎或者把多个搜索引擎结合起来。

使用元搜索引擎，用户只需提交一次搜索请求，由元搜索引擎负责转换处理后提交给预先选定的其他多个搜索引擎，同时检索多个数据库，并根据多个搜索引擎的检索结果进行二次加工，如对检索结果去重、排序、标明检索结果的来源等，输出给用户。

元搜索引擎的优点：

能方便地检索多个搜索引擎，扩大检索范围，提高检索的全面性。

元搜索引擎的缺点：

元搜索引擎出现的时间短，一些搜索引擎强大的检索功能不能实现；元搜索通常只使用简单、直接的搜索策略，一般只支持 AND、OR、NOT 等比较低级的通用搜索操作；检索速度较慢。

6. 因特网信息检索发展趋势

多媒体信息检索；专业垂直搜索引擎（只面向某一特定的领域，专注于自己的特长和核心技术，能够保证对该领域信息的完全收录与及时更新）。

模块3：信息的搜索与浏览

1. 浏览信息的四种方法

（1）在地址栏中输入网址。

（2）通过超级链接可以浏览新的页面。网页上通常含有多种元素，如文字、图片、声音、动画等。移动鼠标，如果鼠标变成手状，表明此处有超级链接，单击鼠标就可以显示相应的页面。

（3）通过"历史"按钮 查阅已浏览的网页。

（4）通过"收藏夹" 快速浏览经常需要访问的网页。

2. 搜索信息的方法：分类搜索信息和关键字搜索信息

灵活运用"与""或""非"逻辑运算符细化检索条件。

（1）and，称为逻辑"与"，用 and 进行连接，表示它所连接的两个词必须同时出现在查询结果中。例如，输入"computerandbook"，它要求查询结果中必须同时包含 computer 和 book。

（2）or，称为逻辑"或"，它表示所连接的两个关键词中任意一个出现在查询结果中就可以。例如，输入"computerorbook"，就要求查询结果中可以只有 computer，或只有 book，或同时包含 computer 和 book。

（3）not，称为逻辑"非"，它表示所连接的两个关键词中应从第一个关键词概念中排除第二个关键词。例如，输入"automobilenotcar"，就要求查询的结果中包含 automobile，但同时不能包含 car。

3.IE 浏览器中的常用工具

（1）"停止" ⊠（停止下载当前网页）、刷新 ⊡（重新下载当前网页）、按钮 ←后退（回到刚访问过的上一个网页）。

（2）"主页" ⌂（起始页）。设置主页的方法："工具"菜单—"Internet 选项"命令—"常规"标签—在主页文本栏中输入主页的网址，若只将当前网页设成主页，只需单击"使用当前页"按钮，当前浏览的网页地址会自动输入到主页文本框中；单击"使用空白页"按钮，可将主页设成空白页。设好后，每次启动 IE 浏览器就能浏览起始页（主页）。

（3）"历史" 历史。删除历史记录的方法："工具"菜单—"Internet 选项"命令—"常规"标签—单击"清除历史记录"按钮。

（4）"收藏" 收藏。将网址添加到收藏夹的方法：浏览网页—"收藏"菜单—"添加到收藏夹"命令—在出现的对话框的名称栏内输入保存的名称或者单击"创建到"按钮—选择指定保存文件夹—"确定"按钮。

整理收藏夹方法：建立目录来分类保存收藏的快捷内容。

"收藏"菜单—"整理收藏夹"命令—在对话框中按要求进行操作，方法同资源管理器。

4.关闭浏览窗口中的图片和动画

关闭浏览窗口中的图片和动画可以加快浏览速度。

在"工具"菜单/Internet 选项/高级标签中，单击多媒体下的显示图片和播放动画两个复选框，去掉钩即可，单击"恢复默认设置"，又恢复 IE 浏览器的默认状态。

设置 IE 浏览器的个性特色：☐播放网页中的动画，☑显示图片等。

模块 4：信息下载与保存

1. 下载文字

选中指定文字，再使用"复制""粘贴"命令，将其保存到 word 或 记事本中。

2. 下载图片

选中图片—右击鼠标出现快捷菜单—"图片另存为（S）…"命令—选择保存路径，输入文件名。

3. 下载网页

"文件"菜单—选择"另存为（A）……"命令—命名和选择保存类型（默认为 HTML 格式），再按保存按钮。

注意：默认保存文件名为网页主题名，扩展名为 html 或 htm，也可保存为纯文本文件（*.txt）。保存的 HTML 文件并不含图片和其他媒体。以 HTML 格式保存网页文件会同时产生一个同名的文件夹（用来存放该网页文件所需的图片和其他媒体）。

4. 下载文件

从 Web 网站下载（单击提供下载的链接点），可供下载的软件种类有免费（或自由）和共享软件两类。

从 FTP 网站下载（先要登录 FTP 网站）。

5. 常用文件下载工具

用下载工具软件（如网络蚂蚁）下载文件。其特点是可以断点续传，即下载文件过程中如果遇到断线，它会保存已下载的部分信息，再上网时，可以从断点继续下载，而不必从头开始下载，大大提高了下载效率。

常见下载工具有以下几种（见表 1-3-1）：

表1-3-1　　　　　　　　　　常用下载工具

类型	特点	举例
通用下载工具	支持文件的自动、批量、定时下载，管理功能强大	网络蚂蚁（NetAnts）、网际快车（FlashGet）、网络吸血鬼（Net Vampire）等
网站下载工具	按设定的参数，下载某网站特定栏目下的甚至整个网站的文件	WebZIP、Teleport Pro、WebCopier 等
FTP下载工具	自动登录FTP服务器，快速浏览文件目录，多服务器、多文件下载	CuteFTP、LeachFTP、WebFTP 等
流媒体下载工具	将流媒体服务器传送出来的影音片断收集成完整的影音文件	影音传送带（Net Transport）、Streambox VCD Suite 等
其他专用工具	面向特定的应用领域的专用下载工具，多与相应的应用软件集成	超星图书阅读器、方正 Apabi Reader 等

模块5：OutlookExpress（以下简称 OE）的使用

1. 电子信箱地址格式

用户名@网络服务器的主机名。例如：lisi@163.com。

2. 连接账号（第一次使用 OE 时需要，以后不需要）

启动 OE；

选择菜单命令：工具→账户；

选择："邮件"页→添加→邮件；

按"Internet 向导"的指引建立 E-mail 连接账号。

3. 邮件收取

（1）"发送／接收"按钮作用：单击该按钮，先发送发件箱中没有发送的邮件，再接收外部的电子邮件。

（2）OE 收件箱窗口的组成

对象区：左侧窗口，显示 OE 可管理的各个对象。

标题区：右上窗口，显示已到达信件的有关信息。

内容区：右下窗口，显示被选中信件的具体内容。

（3）收邮件

① 单击收件箱（对象区中文件夹）。

② 单击工具栏按钮："发送"或"接收"。

4. 阅读邮件

方法一：在标题区单击想要阅读的邮件。

方法二：在标题区双击想要阅读的邮件。

（1）收件箱标题窗显示内容：电子邮件发件人、主题和接收时间。可以按照用户要求对信箱中的邮件进行排序。

（2）电子邮件排序方法

"查看"菜单—"排序方式"命令—选择排序方法，也可以单击标题框中"发件人""主题""接收时间"等按钮进行排序。

5. 邮件发送

主要方式：新邮件、回复、转发邮件。

（1）新邮件

① 在 OE 的工具栏上单击"新邮件"按钮，打开新邮件窗口。

② 在新邮件窗口输入信头区内容（相当于写信封）。

收件人地址：填写收信人的 E-mail 地址。

抄送人地址：填写抄送人的 E-mail 地址。

密件抄送人：填写收信人的 E-mail 地址。

主题：信件内容的简单概括。

邮件发送给多个人时，每个邮件地址之间用"，"或"；"隔开。

　　各项只有收件人地址是必须填写的，其余根据需要可写可不写。

③ 输入信体区内容（写信）。

④ 多媒体邮件发送：信的背景，信中插入图片、动画、声音等。操作提示："格式"菜单—"背景"命令—选择项目。

（2）发信

方法一：当信件内容出现在信体区后，单击"发送"。

方法二：如果正在脱机撰写邮件，可选择菜单命令"文件→以后发送"，将邮件保存在发件箱中，以后再发送。

（3）回复

① 打开收件箱，在标题区内选择要回复的信件，单击工具栏按钮"回复作者"。

② 在信体区输入回信的内容。

③ 单击"发送"。

（4）转发邮件

将自己收到的邮件转给其他人，方法是：

① 打开收件箱，在标题区选择欲转发的邮件。

② 单击工具栏按钮"转发邮件"。

③ 系统自动将转发的信件内容填入信体区，用户可对其中的内容做修改，编辑原文件和添加"附件"。

④ 在信体区填入目的地的 E-mail 地址。

⑤ 单击"发送"。

判断正误：

发送电子邮件时，若对方没有打开计算机，这封邮件将无法发送，因为电子邮箱都在网络服务器上。 （ ）

发送电子邮件时，必须知道对方的电子邮箱地址，因为收件人栏不能空白。（主题和内容不填还可发送） （ ）

E-mail 能够发送和接收文字、图片等，还可通过插入附件的形式将多个文件随信发给对方。 （ ）

6. 附件的使用

可以在邮件中附加任何类型的文件。在邮件中加入附件的方法：

（1）在新邮件窗口单击工具栏上带有回形针的"附件"按钮。

（2）选定需要插入的文件。

（3）单击"附件"按钮，完成附加文件的过程。

如果收到的邮件带有附件，则邮件标题上会带有一个回形针图标。单击回形针图标后可以选择保存或打开附件。

7. 通信簿

用来保存联系人的 E-mail 地址及其他信息。发邮件时，可直接从通信簿中选定收件人，不必从键盘输入具体的地址。

保存联系人地址的方法：

（1）菜单操作：工具→通信簿。

（2）单击"新联系人"，然后输入相应信息。

8. 邮件管理

（1）打印邮件

① 使要打印的信件出现在信体区。

② 菜单操作：文件→打印。

③ 设置参数，确认。

（2）保存与恢复邮件

保存：

① 在收件箱标题区内选择要保存的信件。

② 菜单操作：文件→另存为。

③ 选择要保存的目录,键入文件名(默认扩展名为 emil),单击"保存文件"。

恢复：

方法一：打开 OE，菜单操作：文件→导入 →邮件。

方法二：在资源管理器中选择对应的文件（电子邮件文件的标志是一个信封），双击该文件。

（3）删除邮件

① 在收件箱标题区选择欲删除的邮件。

② 在工具栏按"删除"或者直接按 Delete 键。

（4）邮件夹管理

邮件夹是一种特殊的文件夹，专门用于邮件的归类保存。在 OE 对象区里的对象包括收件箱、发件箱、已发送邮件、已删除邮件、已保存邮件等，就是一些邮件夹（它们是系统默认的邮件夹）。用户也可以建立自己的邮件夹，归类保存各类邮件。

行动力！ 行动：网络信息搜索

1. 目的

通过实践，加深对 Internet 信息检索基本原理的理解，熟练掌握 Internet 信息检索的基本方法和技能。

2. 基本原理和方法

（1）基本原理：本实践主要利用搜索引擎进行 Internet 信息检索。搜索引擎的一般工作流程是：首先由搜索器，即网络机器人从 Internet 上收集各信息站点的摘要信息；再由索引器对该网页上的某些字或全部字建立索引，建立本地数据库；然后用户在检索时通过搜索引擎的用户接口访问摘要信息数据库；检索器根据用户的查询条件快速检出文档，并对将要输出的结果进行排序和相关性处理；最后再通过用户接口将检索结果反馈给用户。

（2）基本方法：搜索引擎主要有简单搜索、高级搜索、二次搜索和分类目录等检索方法。

（3）主要设备和条件：联网计算机、手机以及较快的网速等。

3. 实践方案

实践者运用典型搜索引擎的不同检索方法、检索途径进行检索，获取预期的检索结果。

4. 实践内容及步骤

（1）实践内容：Baidu 搜索引擎检索。

（2）实践步骤：选择相关搜索引擎，根据检索需求，设置检索条件，实施检索，获取网页摘要信息，再依据网页摘要信息获取网页。

（3）具体内容：利用百度搜索引擎（如图1-3-2所示），检索网页标题中含有与自己专业相关的名词或术语的 ppt 和 word 文件（要求写出各自检索表达式，并注明命中文献总数及第一篇文献的题名、作者、详细网址）。

图 1-3-2

评估：是否掌握获取信息的要点

查找有关的就业信息网，写出主要网站（至少3个）的网址，并尝试通过网络找一份适合自己的工作。

第一份适合你的工作是：

第二份适合你的工作是：

第三份适合你的工作是：

第四节 获取数据 读懂数据

上节我们对数据及信息的初步采集做了阐述，本节继续对采集数据做深入的训练，重点学习如何快速、准确地获取数据。

目标：快速、准确地获取数据

数据采集与获取是数字应用能力中最重要的一步，也是数据处理的第一步，数据采集的优劣直接影响数据处理的结果以及对实际问题决策的结果。

通过本节的数据采集活动，你将掌握如何确定采集数据的范围、采集数据的方法(实际测量法、调查法、上网查询法、书面资料查询法、图表解读法等)，同时了解如何核对与判断所收集的数据信息是否正确。

通过本节的学习和训练，你将能够：

1. 根据工作任务和目的，能够知道自己需要做什么，从两种不同渠道(图表的与非图表的渠道)获取数据，知道得到的数据是否能满足自己的要求。

2. 了解得到数据的途径、手段、方法，选择合适的方式（实地观测、调查访问或解读图表）获取所需要的数据。

任务：了解所需数据，确定采集方法

【案例一】某牛奶灌装厂的生产经理要求质检员小刘抽检每天生产的袋装奶的重量。根据厂里规定，每袋牛奶的重量为160±5克，即每袋牛奶的标准重量为160克，上下浮动不超过5克。在销售价格不变的情况下，牛奶的重量大于160克导致公司成本上升，牛奶的重量少于160克顾客的利益会受损。

因此公司设定出厂牛奶的重量标准：每袋牛奶为 160±5 克，设牛奶的重量为 x，则 | x-160 | <5（克）的牛奶为合格产品。质检员小刘需要做什么？

当我们需要获取数据信息时，会发现必须先要了解以下几方面的问题：

——明确获取数据信息的范围。

——明确需要多少数据。

——确定获取数据信息的方法。

——按要求的精度读出测量设备的刻度（如精确到 10 毫克）

在我们的生活和工作当中，会遇到各式各样的问题。解决这些问题时，通常首先需要获取相关的数据信息，而获取信息就要从以上这几个方面去考虑。

从实际需要出发，根据现实条件，事先把需要解决的问题尽可能考虑得仔细和详尽一些，明确获取数据信息的范围，明确需要多少个数据，确定获取数据信息的方法。这样，根据这些设定好的内容进行测量或查找，所得到的数据就会较全面、准确，就能满足解决问题的需要。

> 这项任务可使我们知道如何通过测量获取数据信息。

想一想

为了得到袋装牛奶重量的数据，小刘有两种方法可以选择：

一、他测量每一袋牛奶的重量，这样就获得了全部牛奶重量的数据。我们将这些数据称为总体，这是最可信的方法，同时也最麻烦。如果公司每天生产的牛奶数量很多，这个方法就不可行。

二、他随机抽取一定数量的牛奶作为样本，通过测量这些样本的重量推断总体的重量。

质检员小刘所面临的任务是抽检每天生产的袋装奶的重量。他不可能每一袋牛奶的重量都检测，因此他需要每天随机抽取一定数量的牛奶作为样本，通过样本的重量来推断总体重量。

小刘获取数据信息的范围是当天的每一袋牛奶的重量。假设小刘需要抽取的数据信息的个数约为 20 个，那么根据系统抽样法，将 1 天的工作时间 8 小时分成 20 份，即他每隔 24 分钟抽取一袋牛奶。

小刘选择的测量方法为借助仪器进行测量，通过仪器把随机抽出的每一袋牛奶的重量一一读出。

下面是小刘某天获取的牛奶的重量数据：

162　161　159　158　159　156　158　161　158　159

160　163　159　157　158　160　163　155　160　160

【案例二】某公司职员小王有 5 万元人民币，他想存入银行 5 年。小王有几种储蓄方案可选？哪种储蓄方案获利最多？

要解决如何储蓄获利最多这个问题，小王首先应该了解获取数据的范围并明确需要多少个数据，即小王首先得知道银行的储蓄利率是多少，1~5 年期的储蓄利率分别是多少。其次，小王应确定获取数据的方法。他可以直接到银行去查找，也可以在网上银行或电话银行查找，还可以通过询问亲戚朋友等多种方式了解银行储蓄的利率情况。

> 这项任务可使我们知道如何通过文件、图表获取需要的数据信息。

【案例三】一家广告公司在某城市随机抽取 300 人做问卷调查，其中一个问题是"你比较关注哪种类型的电视节目"，经过统计得到关注各种类型电视节目的人数的频数分布图（见图 1-4-1）。你能否从图中获取关注各种类型电视节目的人数，以及关注各种类型电视节目人数占总人数的百分比？

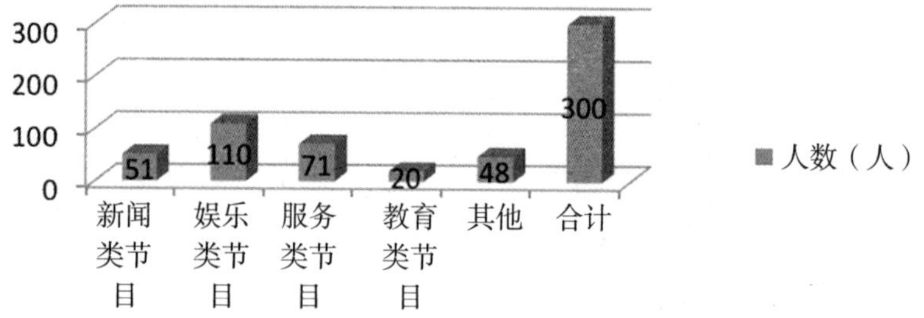

图 1-4-1　关注各类型电视节目的人数

通过此项任务，我们能够掌握如何通过图表解读出我们所需要的数据。

准备：确定数据搜索范围和获取数据的方法

从上面三个任务的分析中我们可以看出，当我们需要获取数据信息时，首先要明确以下几方面的问题：获取数据信息的范围，需要多少个数据，获取数据信息的方法（实际测量法、调查法、上网查询法、书面资料查询法、图表解读法等）。

在明确所要搜集数据信息的内容和特点后，正确选定获取数据的合适的方法是快捷、高效获取所需数据信息的必要条件。

1. 实际测量法

凡涉及物品的长度、宽度、高度、面积、体积、容积、重量、温度、湿度等物理特性方面的量，能够通过实际测量的方式得到数据信息的，就采用实际测量的方法。这是真实、可靠、可信的获取数据的方式。

实际测量时需要注意的事项如下：正确选择测量工具，注意测量工具的精确度，测量的方式要正确，读测量数据时要满足计算精确度的要求。

2. 实际调查

在统计大量的数据信息时，往往需要用到实际调查。例如，要统计商场每小时的客流量，需要调查员在商场门口做现场记录；又如，要统计某个路段上下班高峰时段的车流量，也需要调查员在路口做现场记录；再如，调查某个社区1~3岁婴幼儿的数量，也需要调查员做实地调查。

在收集数据时，所收集数据的全体称之为总体。例如，案例一中每天生产的所有牛奶的重量，就是案例一的总体。有时由于总体的数量过于庞大，收集数据有困难，同时也不必要收集如此多的数据，我们可以随机抽取一些数据作为样本，通过样本的数据来推断总体。往往一个好的抽样调查好过一次蹩脚的普查。

一个好的抽样调查的前提是样本能够很好地反映总体，即总体是"搅拌均匀"的，而样本是从中任意抽取的，那么样本具有个体不同、总体相同的信息。

随机抽样的方法有两种：

一是简单随机抽样。当所抽取物体体形较小、数量不多时，可将这些物体放入一个袋子当中，搅拌均匀，然后放回原地摸取。如乒乓球、饼干、糖果等。

二是系统抽样。将所抽取的物体从 1 开始编号，然后按号码顺序以一定的间隔进行抽取。例如从 500 件产品中抽取 50 件进行检验，首先将 500 件产品从 1 开始编号，而后根据需要抽取 50 件这个数量，确定抽取间隔，即每隔 10 个抽取 1 件。假如首先抽取 6 号，那么下面抽取 16、26、36、46……496，这样一共是 50 件。

3. 从文件或图表中读取数据

许多数据可以从相关职能部门、互联网或媒体公布的资料中查找。这些资料中的数据信息往往是以图表的形式对外公布的。

图表指图中反映两个或多个变量之间的关系，符合数学制图要求的图形或图表。例如，函数图像、立体图形、统计图（饼形图、条形图、象形图、频率多边形、直方图、线图）、统计表等。

函数图像指采用坐标形式来表示两个要素关系的数字信息图像。它表示事物发展变化的趋势。

统计图和统计表是我们最常见的图表。统计图表具有信息量大、直观、明了的特点。

统计表与统计图是整理、表达和分析数字资料的重要工具，用统计表可避免冗长的叙述，能把有关的数字列在一起，既便于计算比较，又易于发现错误和遗漏。绘制统计图可使数字资料形象化、通俗易懂，使读者在短时间内获得明晰的印象。

统计表的形式多种多样，一般由四个部分组成，即表头、行标题、列标题、主体，必要时可在统计表的下方加上表外附加。表头说明统计表的主要内容，行标题与列标题表示所研究问题的类别名称与指标名称。表外附加主要包括资料来源、指标的注释和必要的说明等。主体部分是数据资料。如图 1-4-2 所示。

表 1-4-1　　　　　　　　　　电视节目类型收看人数

电视类型	人数（人）
新闻类节目	51
娱乐类节目	110
服务类节目	71
教育类节目	20
其他类节目	48
合计	300

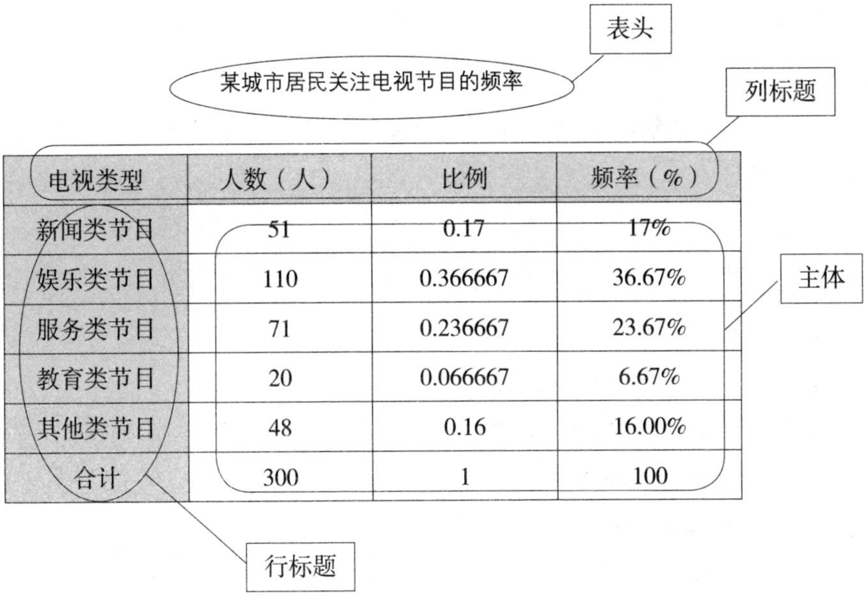

表头

某城市居民关注电视节目的频率

列标题

电视类型	人数（人）	比例	频率（%）
新闻类节目	51	0.17	17%
娱乐类节目	110	0.366667	36.67%
服务类节目	71	0.236667	23.67%
教育类节目	20	0.066667	6.67%
其他类节目	48	0.16	16.00%
合计	300	1	100

主体

行标题

图 1-4-2　统计表结构图

按照案例三所提供的数据做出统计图，如图 1-4-3、1-4-4、1-4-5、1-4-6 所示。

柱形统计图：

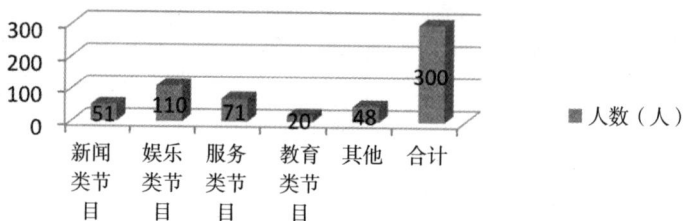

图 1-4-3　人数柱形统计图

试一试

【活动】从图中获取新数据

你能否从图 1-4-3 中获取关注各种类型电视节目的人数？能否估算出各种类型电视节目的人数占总人数的百分比？

从图中可以看出，横轴表示各种类型的电视节目，纵轴表示关注各种类型电视节目的人数，每一个类别所对应的柱形的高度表示关注该类别电视节目的人数。

可看出：关注新闻类节目的有____人，关注娱乐类节目的有____人，关注服务类节目的有____人，关注教育类节目的有____人，关注其他类节目的有____人。

从该结果中，能初步估计出关注某类型电视节目的人所占总人数的比例：

新闻类节目：51/300=0.17=17%

娱乐类节目：110/300 ≈ ____%

服务类节目：71/300 ≈ 23.67%

教育类节目：20/300 ≈ ____%

其他：48/300=0.16=____%

条形统计图：

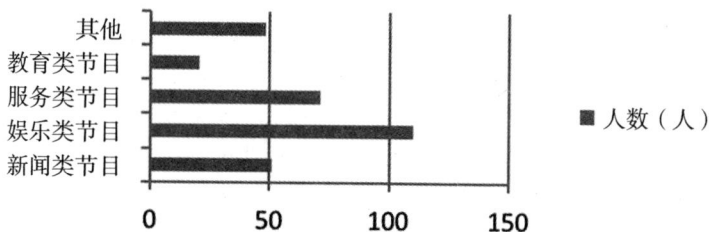

图 1-4-4　人数条形统计图

折线统计图：

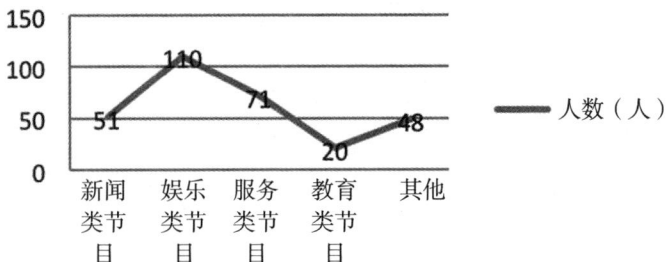

图 1-4-5 人数折线统计图

饼形统计图：

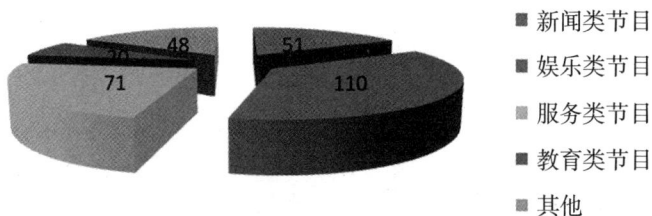

图 1-4-6 人数饼形统计图

线图是在坐标轴平面上用折线表示数量变化的特征和规律的统计图，它的横轴一般为时间，纵轴为指标数据。图 1-4-7 是我国人口增长的折线图，从中可以看出，1949 年以前我国人口增长缓慢，1949 年后我国人口增长迅速，1997 年后我国人口增长速度放慢。

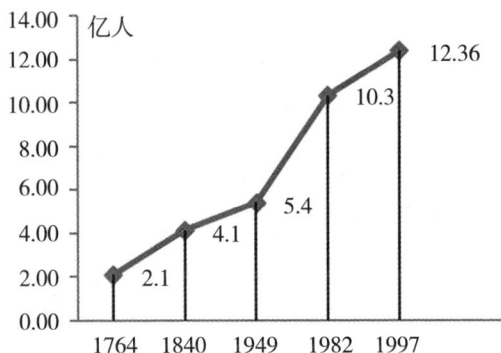

图 1-4-7 我国人口增长速度折线图

评估：是否掌握了获取数据的要点

1.为做某实验，恒温箱的温度需保持在0℃左右。老师叫小李记录恒温箱温度数据，小李该怎样做？

方案：

提示：系统抽样法。选取测量的仪器时，能够读出仪器上的零下温度，包括小数，注意到零下温度要用负数表示。

2.由于国际上大豆的交易价格上涨，济南某公司职员小王接到任务，收集国内主要农产品市场上大豆的批发价格，并查询从当地运到济南的里程。

方案：

统计表：

销售地点	价格	销售地点至济南的里程

提示：小王可以从报纸、杂志、网络等媒体中收集大豆批发价格的信息，以及从当地运到济南的里程。

第二单元　数据信息整理

第一节　数据整理

　　数据整理是对调查、观察、实验等研究活动中所搜集到的资料进行检验、归类和数字编码的过程。它是数据统计分析的基础。

　　在20世纪90年代中晚期，为了揭示一些隐含数据的性质、趋势和模式，很多商家开始探讨把传统的统计和人工智能分析技术应用到大型数据库的可行性问题，这些探讨最终发展成为基于统计分析技术的正规数据整理工具。

目标：掌握整理、汇总数据的要点

> 数据整理是数据分析之前的必要步骤，是数据处理的关键。

　　最初采集到的数据往往是比较杂乱的，需要根据工作任务的需要，对数据进行加工、整理、归纳、分类、汇总，使之系统化、条理化。通过整理可以大大简化数据，使我们更容易理解和分析。数据整理通常包括数据的预处理、分类或分组、汇总等，是数据分析之前的必要工作。

通过本节的学习和训练，你将能够：

1. 初步了解数据整理的基本内容和目的。

2. 掌握数据整理的简单方法。

任务：整理数据的简单方法

【案例一】小李根据学校的要求，对班中十名男同学的肥胖状况做了一次调查。他获得这十名男同学的身高、体重数据，并按身高排序如下：

表2-1-1　　　　　　　　身高、体重调查表

身高 H（cm）	167	168	171	172	174	176	176	178	178	181
体重 W（kg）	73	61	59	71	65	64	68	65	69	69

明确数据处理的基本内容，掌握数据整理的简单方法。这是我们在数据整理中必须具备的两个能力点，即应会的两个要点。

怎样获得这种能力呢？下面我们通过具体的案例开展训练。

准备：明确整理数据的方法步骤

一、数据的预处理

数据的预处理是数据整理的先前步骤，是在对数据分类或分组前所做的必要处理，包括数据的审核、筛选、排序等。

1. 为什么要预处理数据

想象你是某部门的经理，负责分析涉及你所在部门的公司销售数据。你立即着手进行这项工作，仔细地审查公司的数据库或数据仓库，你注意到许多元组在一些属性上没有值。为了进行分析，你希望知道每种购进的商品是否做了销售广告，但是发现这些信息没有记录下来。此外，你的数据库系统用户已经报告某些事务记录中的一些错误、不寻常的值和不一致性。换言之，

你希望借以挖掘技术分析的数据是不完整的（缺少属性值或某些感兴趣的属性，或仅包含聚集数据）、含噪声的（包含错误或存在偏离期望的离群值），并且是不一致的（用于商品分类的部门编码存在差异等）。存在不完整的、含噪声的和不一致的数据是现实世界大型的数据库或数据仓库的共同特点。不完整数据的出现可能有多种原因。有些感兴趣的属性，如销售事务数据中顾客的信息，并非总是可用的。其他数据没有包含在内只是因为输入时认为是不重要的。相关数据没有记录可能是由于理解错误或者因为设备故障。与其他记录不一致的数据可能已经删除。此外，记录历史或修改的数据可能被忽略。缺失的数据，特别是某些属性上缺少值的元组可能需要推导出来。

概言之，现实世界的数据一般是含噪音的、不完整的和不一致的。提高数据的质量，有助于提高其后的挖掘过程的精度和性能。由于高质量的决策必然依赖于高质量的数据，因此数据预处理是知识发现过程的重要步骤。检测异常数据、尽早地调整数据并归约待分析的数据，将在决策中得到高回报。

2. 数据预处理的步骤和方法

数据的预处理是在对数据分类或分组之前所做的必要处理，包括数据的审核、筛选、排序等。

（1）数据的审核

对从不同渠道取得的统计数据以及不同类型的统计数据，其审核内容和方法是有所不同的。对于通过直接调查取得的原始数据，应主要从完整性和准确性两个方面去审核。完整性审核主要是检查应调查的单位或个人是否有遗漏，所有的调查项目或指标是否填写齐全等。准确性审核主要包括以下两个方面：①检查数据资料是否真实地反映了客观情况，内容是否符合实际；②检查数据是否有错误、计算是否正确等。审核数据准确性的方法主要有逻辑检查和计算检查两种。

对于通过其他渠道取得的第二手数据，除了完整性和准确性审核之外，还应着重审核数据的适用性和时效性。

（2）数据的筛选

数据筛选包括两方面内容：①将某些不符合要求的数据或有明显错误的数据予以剔除；②将符合某种特定条件的数据筛选出来，对不符合特定条件的数据予以剔除。

（3）数据的排序

数据排序是按一定顺序将数据排序。对于定类数据，如果是字母型数据，排序有升序和降序之分；如果是汉字型数据，可按汉字拼音首字母排序，也可按笔画排序。

定距数据和定比数据的排序只有递增和递减两种。

排序后的数据也称为顺序统计量。

二、数据的整理

数据经过预处理，下一步就要对数据进行整理。在对数据进行整理时，首先要弄清数据的类型。

1. 数据的类型

数据的类型一般分为两种。

（1）定性数据

这类数据通常用文字来表述，说明的是事物的品质特征，结果表现为类别。定性数据也称品质数据，还可以细分为分类数据与顺序数据。分类数据表现为类别，是用文字来表述的。例如，人口按照性别分为男、女两类，企业按行业属性分为医药企业、家电企业等。顺序数据也表现为类别，是用文字来表述的，只是这些类别是有序的。比如将产品分为一等品、二等品、三等品等，考试成绩分为优、良、中、及格、不及格等。

（2）定量数据

定量数据通常用数值来表现，因此也称数值型数据。

对不同类型的数据所采取的处理方式、所使用的处理方法是不同的。对定性数据主要是做分类整理，对定量数据则主要是做分组整理。

2. 定性数据的整理和显示

定性数据作为对事物的一种分类，整理时可以先列出所分的类别，然后要计算出每一类别的频数、频率或比例、比率，同时选择适当的图形进行显示，以便对数据及其特征有一个初步的了解。

（1）频数和频数分布

频数（Frequency），也称次数，是落在各类别中的数据个数。把各个类别及其相应的频数全部列出来就是频数分布或次数分布（Frequency Distribution）。将频数分布用表格的形式表现出来就是频数分布表。

比例（Proportion），是一个总体中各个部分的数量占总体数量的比重，通常用于反映总体的构成或结构。

百分比（Percentage），将比例乘以100再添加百分号"%"就是百分比，或称百分数。

比率（Ratio），是不同类别的数量的比值。

（2）定类数据的图示

定类数据的图示主要有条形图和圆形图。大部分我们在第一单元已经做了介绍，例如条形图2-1-1。

条形图是用宽度相同的条形的高度或长短来表示数据变动的图形，可以横置或纵置。

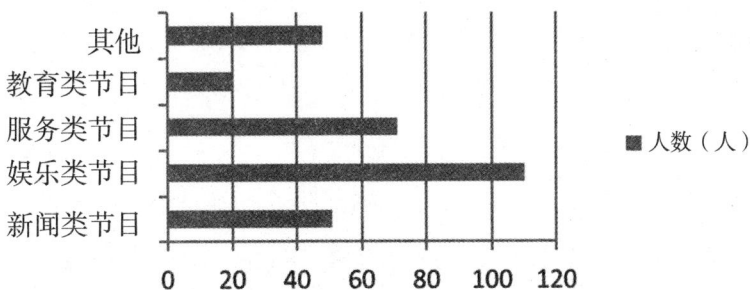

图 2-1-1

对定性数据主要是做分类整理，对数值型数据则主要是做分组整理。值得注意的是，要弄清所面对的数据类型，因为不同类型的数据所采取的处理方式和方法是不同的。

3. 数值型数据的整理与显示

对数值型数据要采用分组整理的方式。所谓分组整理就是将数据按照某种标准分成不同的组别，然后计算出各组中出现的次数或频数，编制频率分布表。

（1）单变量值分组

在变量值较少的情况下，可采取单变量值分组。比如，某技校新生的年龄基本在 15～18 岁之间，我们就可以每个年龄数作为一组，即 15 岁为一组、16 岁为一组、17 岁为一组、18 岁为一组，然后对各组的频数进行统计，并编制频率分布表。

（2）组距分组

在连续变量或变量值较多的情况下，可以采用组距分组，即将全部变量值依次划分为若干个区间，并将这一区间的变量值作为一组。

①什么是组距分组

组距分组是将全部变量值依次划分为若干个区间，并将这一区间的变量值作为一组。组距分组是数值型数据分组的基本形式。

在组距分组中，各组之间的取值界限称为组限。一个组的最小值称为下限，最大值称为上限；上限与下限的差值称为组距；上限与下限值的平均数称为组中值，它是一组变量值的代表值。

②组距分组的步骤

【案例二】某生产车间 50 名工人日加工零件数如下。试对数据进行组距分组。

表 2-1-2　　　　　　　　某车间日加工零件　　　　（单位：个）

117	122	124	129	139	107	117	130	122	125
108	131	125	117	122	133	126	122	118	108
110	118	123	126	133	134	127	123	118	112
112	134	127	123	119	113	120	123	127	135
137	114	120	128	124	115	139	128	124	121

采用组距分组需要经过以下几个步骤：

第一步：确定组数。一组数据分多少组合适呢？一般与数据本身的特点及数据的多少有关。由于分组的目的之一是为了观察数据分布的特征，因此组数的多少应适中。如组数太少，数据的分布就会过于集中，组数太多，数据的分布就会过于分散，这都不便于观察数据分布的特征和规律。组数的确定应以能够显示数据的分布特征和规律为目的。在实际分组时，可以按 Sturges 提出的经验公式来确定组数 K：

$$K = 1 + \frac{lgn}{lg2}$$

其中 n 为数据的个数，对结果用四舍五入的办法取整数即为组数。

例如，以上案例有：

$$K = 1 + \frac{lg50}{lg2} \approx 7$$

即应分为 7 组。当然，这只是一个经验公式，实际应用时，可根据数据的多少和特点及分析的要求，参考这一标准灵活确定组数。

第二步：确定各组的组距。组距是一个组的上限与下限的差，可根据全部数据的最大值和最小值及所分的组数来确定，即：组距=（最大值−最小值）÷组数。例如，案例二的数据最大值为 139，最小值为 107，组距=（139−107）÷7=4.6。为便于计算，组距宜取 5 或 10 的倍数，而且第一组的下限应低于最小变量值，最后一组的上限应高于最大变量值，因此组距可取 5。

第三步：根据分组整理成频数分布表。对上面的数据进行分组，可得到下面的频数分布表：

表 2-1-3　　　　　　某车间 50 名工人日加工零件数分组表

按零件数分组	频数（人）	频率（％）
105～110	3	6
110～115	5	10
115～120	8	16
120～125	14	28
125～130	10	20
130～135	6	12
135～140	4	8
合计	50	100

采用组距分组时，需要遵循"不重不漏"的原则。"不重"是指一项数据只能分在其中的某一组，不能在其他组中重复出现；"不漏"是指组别能够穷尽，即在所分的全部组别中每项数据都能分在其中的某一组，不能遗漏。

为解决"不重"的问题，统计分组时习惯上规定"上组限不在内"，即当相邻两组的上下限重叠时，恰好等于某一组上限的变量值不算在本组内，而计算在下一组内。例如，在表2-1-3的分组中，120这一数值不计算在"115～120"这一组内，而计算在"120～125"组中，其余类推。当然，对于离散变量，可以采用相邻两组组限间断的办法解决"不重"的问题。

而对于连续变量，可以采取相邻两组组限重叠的方法，根据"上组限不在内"的规定解决不重的问题，也可以对一个组的上限值采用小数点的形式，小数点的位数根据所要求的精度具体确定。例如，对零件尺寸可以分组为10～11.99、12～13.99、14～15.99。

在组距分组中，如果全部数据中的最大值和最小值与其他数据相差悬殊，为避免出现空白组（即没有变量值的组）或个别极端值被漏掉的情况，第一组和最后一组可以采取"××以下"及"××以上"这样的开口组。开口组通常以相邻组的组距作为其组距。例如，在上面的50个数据中，假定将最小值改为94，最大值改为160，采用上面的分组就会出现"空白组"，这时可采用"开口组"方式。（如表2-1-4所示）

表2-1-4　　　　　　　某车间50名工人日加工零件数分组表

按零件数分组	频数（人）	频率（%）
110以下	3	6
110 — 115	5	10
115 — 120	8	16
120 — 125	14	28
125 — 130	10	20
130 — 135	6	12
135以上	4	8
合计	50	100

从实用角度考虑，组距分组通常有以下几步：

1. 求极差

极差指一组数据中最大值与最小值的差。

$$极差 = 最大值 - 最小值$$

2. 确定组数

一般来说，组数根据数据的特点来确定，没有固定的标准，使每一组的数据不要太多。也可以按 Sturges 提出的经验公式来确定组数 K。

$$K = 1 + \frac{lgn}{lg2}$$

其中，n 为数据的个数，结果用四舍五入的办法取整数为组数。

3. 确定组距

$$组距 = 极差 \div 组数$$

4. 将数据分组

根据确定的组距标准将数据分组，计算每一组的数据的数量，即频数。

5. 计算每组数据的频率

$$频率 = 频数 / 总数$$

6. 制作频率分布表

整理数据时，必须根据工作任务的需要进行，明确数据整理的目的是什么，有哪些特殊的要求，以此来设定整理数据的方法和步骤。

> 数据的预处理包括数据的审核、筛选、排序等；数据的整理针对不同的数据类型，采取分类整理或分组整理两种不同的处理方式和方法。

行动力！ 行动：如何对数据进行整理

想一想：

在案例一中，小李仅就十名男同学以身高为序进行了排列，但同学们的肥胖状况并不清楚。国际通用的体重指标为：

$$R = \frac{W}{H^2}$$

R 为一个人体重的千克数除以其身高米数的平方，如 R<18.5 为体重偏轻，18.5 ≤ R ≤ 24.9 为正常，25 ≤ R ≤ 29.9 为偏重，R ≥ 30 为肥胖。因此，小李还必须对数据进行再加工。对此，我们将在后文中做进一步的讨论。

第二节　选择信息　收集信息

目标： 学会判断选择信息及综合信息

我们收集到的信息材料，还要严格进行选择。在对原始信息的选择过程中，要注意以下几点：一要突出主题思想，凡是与反映信息主题无关的资料，要毫不犹豫地剔除；二要注重典型性，要从大量原始信息中发掘出那些能够揭示事物本质的典型信息；三要富有新意，要尽可能抓住那些能反映客观事物新变化的信息；四要具有特点，必须从各种事物的实际出发，有所侧重地开发具有特点的信息。

本节学习目标：

1. 确定什么信息跟用途有关。

2. 使用裁剪、复印、摘记、标记说明等方法选择收集信息。

任务： 选择信息　收集信息

当你需要了解某个市场的动态或介绍某项技术时，会发现自己落入了信息的海洋。信息过度发达所带来的结果往往是，真正有价值的信息被淹没在大量信息"噪音"之中。

以下几个方法或许可以帮助我们提高收集信息的效率：

1. 对不同信息载体选择不同的阅读方法

同一个主题，对于报纸类的媒体，可以选择时效性强的内容即时阅读和吸收；对于网站类的媒体，可以选择互动性强的内容来拓宽或者加深对问题的了解；而对于杂志类媒体，则应该注重综述和分析类内容，必要时还应记着存档。

2. 有选择地阅读

我们常常犯的一个错误就是把一本书从头到尾地全部读过，才发现其实只有其中的一小段与自己相关。多花费时间已经不划算了，如果再让无关信息充斥自己本已饱和的大脑，就更加得不偿失了。避免发生这种情况的方法也很简单：选栏目，看标题，读第一段。看报刊应首先选择对自己最有意义的栏目来阅读，其他信息不妨放弃；看文章则可以只看标题，如果不是自己所关心的，就趁早跳过去；如果还不能取舍，读一读文章的第一段就更可以做到心中有数了。

3. 平衡信息渠道也是保证信息准确、有效的一个技巧

中国有句古训叫作"兼听则明"，用在信息的选择上也非常合适。一家电子公司总经理曾讲，他只订阅了《国际电子商情》《中国电子报》和来自台湾地区的《电子时报》，因为这三家媒体能够从不同角度、不同层面满足他了解电子业信息动态的全部要求。这是一个非常聪明的选择。

4. 根据定位选择载体

通常来说，报刊或者网站等信息平台都会有自己的定位，具体来说就是为谁服务、怎样服务和提供什么信息这三点。

准备：了解选择信息的程序

我们在做任何事情的时候，都有一个思维推进的路径。我们选择信息也是一样，有一定的流程。有一个科学合理的流程，就能事半功倍。

选择信息的程序：

任务 $\longrightarrow$ 确定标准 $\longrightarrow$ 收集有用的信息 $\longrightarrow$ 贮存 $\longrightarrow$ 活动的思维方式。

行动力！ 行动：给宝宝找幼儿园，给自己找工作

【案例】给孩子找合适的幼儿园

家住济南天桥区堤口路的刘女士，想给3岁的宝宝找个合适的幼儿园。宝宝性格比较活泼好动，颇有个性。刘女士希望未来的幼儿园不仅提供给宝宝健康营养的饮食，又能适当开发宝宝智力，培养宝宝良好的个性。请你帮刘女士调查一下堤口路附近的几个幼儿园，帮她整理出各个幼儿园的优劣。

参考知识：

如何给孩子找合适的幼儿园

现在又到了父母给孩子选幼儿园的时候了，面对各种各样的幼儿园，如何选择一家适合自己孩子的幼儿园呢？为此，记者采访了中育儿童发展中心主任、北京市特级教师卢珊珊，她告诉笔者："家长选择幼儿园一定要考虑几个问题，但离家近却是首要条件。"首先，幼儿园离家或上班的地方近，可以方便接送孩子。再者，如果幼儿园较远，来去时的卫生状况以及空气污染等，都不利于孩子的健康，且孩子的体力不太能承受。第三，孩子在一个熟悉的环境下生活，对他的成长是很有帮助的。选择一个离家较近的幼儿园，让孩子在熟悉的环境里，可以避免他对新环境产生恐惧感。

1. 要了解幼儿园的教育理念

现在的幼儿园有很多种，比如有艺术特色、双语特色等。无论哪种幼儿园都要以教委规定的健康、艺术、语言等五大体系为基础进行教育。

家长在选择幼儿园的时候，要仔细询问幼儿园自身的特色，通过听园长的介绍以及与幼儿园老师的对话了解老师的教育思想，看看是否符合自己的要求。

2. 师资队伍要稳定

家长要对幼儿园的师资队伍情况进行了解，这些情况可以通过其他家长了解到。幼儿园教师除了要有一定的资历外，最重要的是对孩子尽责和有爱心，让孩子在没有压力的环境下生活。家长只要到园内观察教师和孩子说话是否

和蔼可亲、有耐心，便可了解教师的素质了。小班师生比例最好在1:25，中班师生比例最好在1:30，大班师生比例最好在1:35，否则老师很难照顾到每个孩子的生活和学习。

3. 要有足够的空间

幼儿园的环境对孩子有很大的影响。若幼儿园户外场地宽敞，孩子就可以在阳光下奔跑；教室如果宽敞明亮，就有利于孩子眼睛的正常发育；玩具如果充足，且符合孩子年龄的生长特点，就可以帮助孩子开发智力。小班的孩子应该以拼插玩具、球类玩具为主；中班以扮演角色的玩具为主；大班则以智力玩具、书籍为主。对孩子的睡眠环境也要有所了解。是否有独立的床位，如果几个孩子睡一张床就非常不好。

4. 卫生状况至关重要

幼儿园的卫生状况是至关重要的。不但要看食堂卫生状况，还要了解幼儿园的饮食安排情况；家长还要仔细观察卫生间情况及幼儿园是否定期对玩具、餐具和其他用品进行消毒，孩子是否有自己专用的水杯、毛巾。

步骤一：确定选择标准。

要完成这一任务，我们必须清楚目的是什么，什么样的信息对我们有用，如何整理所获得的信息。我们可以试着理清跟任务有关的关键词。你可以把这些词写在下面，供小组成员讨论，再形成一个关键词选择的标准。

步骤二：有用信息列表格。

什么样的信息是必需的，不妨试着用表格来确定。我们可以先设计一个表格（见表2-2-1），栏目信息可能要经过一番思考，把有参考价值的列进来。

表2-2-1 　　　　　　　　　幼儿园情况一览表

名称 ＼ 项目	教育理念	师资队伍	伙食	活动空间	卫生状况	口碑	收费情况
大拇指幼儿园							
幼师附属幼儿园							
五方幼儿园							

步骤三：收集信息。

带着你设计好的表格到幼儿园去，把需要的信息记录在相应位置中。多打听，多比较，选取一个适合自己孩子的幼儿园。

步骤四：总结信息，做出决定。

经过多方比较，刘女士最后选择了其中的一个幼儿园，因为入园的调查工作比较到位，所选的幼儿园很适合宝宝。

我们要养成勤于总结反省的好习惯。通过本次选择幼儿园的活动，我们学会了很多东西：（1）活动之前一定要有准备；（2）任务要细化，形成要点；（3）确定关键词，列表格；（4）要亲自实践。

评估：是否会选择信息

暑假就要到了，同学们想利用假期打点零工，减轻父母的负担。首先要写一份简历，向用人单位展示一下自己的闪光点。

步骤一：给自己准备简历。

分组讨论自己和同学有什么突出的优点，写在下面。

步骤二：简历写好后，应该往哪里投呢？不妨查查报纸的招聘版面，收集这方面的信息，整理后再做选择。

步骤三：投递简历。

通过本次活动，我们学会了用多种方法把信息"留"下来，如裁剪、复印、摘记、标记等。

补充说明：标记是读者对重点、难点、精彩之处或自己感兴趣的内容画上的各种记号。如直线、双线、曲线、红线、回圈、箭头、括号、着重号、问号、感叹号等。这些记号代表什么意思可自己规定，不过，此法仅限于在自己的书籍上使用。

第三节　信息分类和整理

目标：掌握信息分类，学会整理信息

很多时候我们通过某种方式获得了大量的信息，这些信息杂乱无章，数量巨大，各有用途。怎样将这些毫无章法的信息理顺以方便我们查找，更好地为我们服务呢？

关键的一点是我们要学会分类整理信息。我们需要懂得整理信息的基本方法，比如做剪报、资料汇编等。

通过本节活动，你将懂得整理信息的一般方法，能按时间、主题、形式、来源、内容以及通用方式进行信息分类，形成剪报、汇编等资料。

任务：学会分类整理

准备：信息归类

收集信息，编辑资料，从内容上形成归并的类型有：

1. 资料汇编：同一性质或用途的信息资料集。

2. 资料摘录：对有价值的资料做有目的的主动记录。

3.资料评述：传播信息事实的同时发表评论。

4.剪报：以剪贴的方式编辑有价值的信息资料。

把信息资料以文本的方式呈现出来，可根据不同的文本特点和资料用途有目的有选择地编辑信息。有些信息虽然是文本信息，但往往也包括表格、图片等。

由于参考资料往往有比较固定的格式，有些属公文范畴，所以你还需要了解与公文有关的一些知识。

行动力！ 行动：做剪报、比较表、汇编本

【活动一】做一份剪报或黑板报（主题：爱科学、关爱生命）

我们平时在阅读报纸、杂志时，常常会发现有许多自己感兴趣的知识或优美的语言、图片等。但是，时间一长，当我们需要用到它们时，却很难再找到。那么，该怎么办呢？为了避免此类情况的出现，很多人自制了剪报。

1.制作剪报的步骤

收集材料—剪下或者复制、打印自己认为有价值的内容—分类—粘贴—装饰—命名。

2.收集材料

可以到书刊上收集，也可以到网上查阅，并下载自己需要的内容，再将它打印出来。是自己的书刊，可直接剪下；不是自己的，应先将有关内容复印下来，再进行剪贴。

3.材料分类

可根据时间、主题、年龄等进行分类。

4.将剪报装饰得更漂亮

可用彩笔画上自己喜欢的图画，可以电脑绘画，也可以加上些花边，还可以贴上自己平时喜欢的图案等。总之只要自己喜欢、满意就行，但一定要清楚、简洁，不可太复杂。

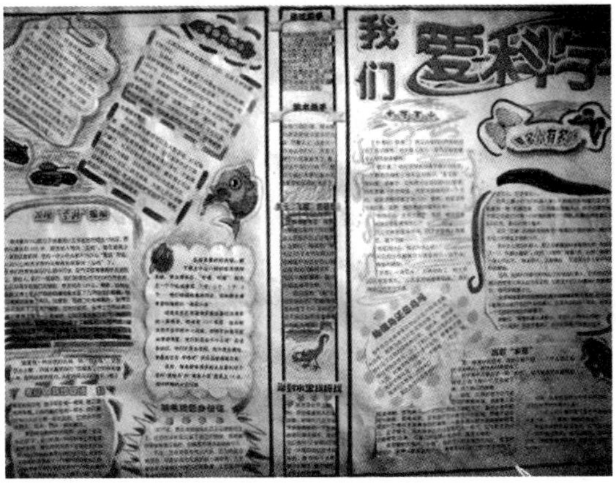

图 2-3-1

图 2-3-2

图 2-3-3

制作剪报是一项非常有意义的活动，只要我们平时多看书，多看报，及时收集自己需要的资料，慢慢地，你就会拥有一本本内容丰富、精致美观的剪报。通过做剪报我们既拥有了自己的小小资料库，又学会了一种信息整理的方法。

【活动二】制作网购手机方式比较表

1.阅读相关资料

说到"网购"，我们自然会想到"淘宝""京东"等专业网站。这些购物网站中的商品琳琅满目，一些品牌的经销商甚至总代理会刨去实体店的经营成本来进行底价销售，因此这些购物网站上的手机产品的价格往往比较低。但是骗子也会利用消费者网购图便宜的心理进行虚假宣传，设置陷阱，为消费者购买手机设置绊脚石。那么消费者的权益怎样才能在网购的过程中得到保障呢？下面为大家总结了几点。

消费者在购买手机之前没有详细地了解卖家的相关资料，遭遇到了受骗等问题。虽然可以通过申诉的方法申请退货，但是退货的过程还是会带来很多不必要的麻烦。（如图2-3-4）提前预防这种情况的出现就成了我们的首要任务。怎样才能避免这种事情的发生呢？

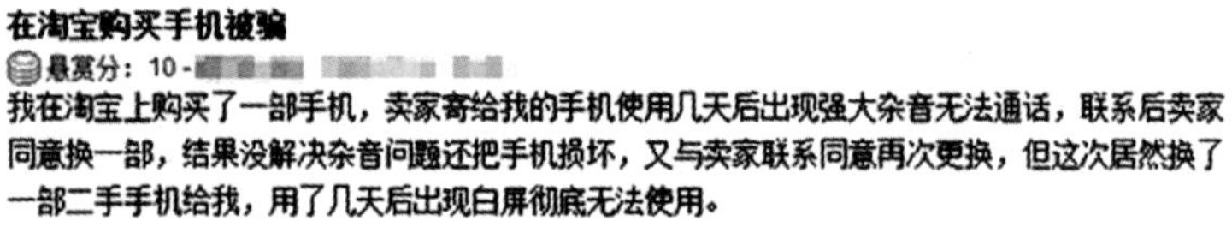

在淘宝购买手机被骗
⊙悬赏分：10 - ████ ████ ██
我在淘宝上购买了一部手机，卖家寄给我的手机使用几天后出现强大杂音无法通话，联系后卖家同意换一部，结果没解决杂音问题还把手机损坏，又与卖家联系同意再次更换，但这次居然换了一部二手手机给我，用了几天后出现白屏彻底无法使用。

图2-3-4

在淘宝商品或者店铺中，直接点击卖家的信用标志（心、钻石或者皇冠），可以看到里面记载了卖家的所有评价，其中有好评、中评和差评。如果是三颗钻石以上的卖家，即表明1000个交易中没有出现一个差评或者中评，这就有点悬了（不排除有的好卖家出现100%好评，但概率很低）。如果有差评、中评就点击一下差评、中评的数字，就会出现这些评价的列表，可以看到买家的评价以及卖家的回复记录，如果出现"商品太差""卖家态度太差"或者"商品和描述中的有异议"等评价，就得重新考虑是否购买他的商品了。另外，看看卖家的解释，毕竟不能单看一面之词，无论好、中、差评，都允许进行解释，你看一下卖家的解释就能看出这个店主是否让人满意。合理的解释也可能让其他买家原谅，但对于没有做出合理解释的卖家还是要小心为上。

此外淘宝最近出现了不少以代购形式为名的商家，他们的标价很便宜，但是会收取一定金额的代购费。这样的商家往往承诺保修但是过一段时间就会封铺走人，这样一来消费者就会失去保修的机会。

为了保证购买商品的可靠性，可以选择在官方网站购买，虽然会多花一些钱，但是却不用为原厂配件等问题担心，还可以获赠活动礼品。

大部分手机官网都会提供最新的网上促销活动，官方网站不仅提供安全可靠的正品，同时还有促销手段及赠品。通过官网购买，对于不放心实体店以及淘宝等购物网站的朋友来说是非常不错的选择。

通过对上面文本资料的分析，确定需要做出比较的项目的不同特点，写在下面。

_____

_____

2. 设计表格

表格往往是归类比较的第一步。经过小组讨论后，设计一个较粗糙的表格。（见表2-3-1）

表2-3-1　　　　　　　　　网购手机方式比较表

比较项 网购方式	……	优点	缺点	……
淘宝店铺				
京东商城				
手机官网				

3. 填表并完善表格

往里面填写你所获取的信息资料，在这个过程中可以适当修改表格的项目。

> 本次活动主要是学习文本信息如何向表格信息转化，这是一项非常基本、非常重要的信息处理技能。

【活动三】做一本你喜欢的新产品资料整理册

电器销售的柜台前，摆着许多新产品的广告资料，但是还不足以满足客户的需要。由于是公司自己做的，其可信度也大打折扣，而且较分散，不利于促销人员对产品的全面了解。为了解决这一问题，许多商店会组织人员把某一产品的广告、说明书、新闻摘要、获奖情况、用户反馈等信息资料整理后编成剪报或做成大本的册子，摆在商品陈列处，很吸引眼球，也增强了说服力。如果你是推销员，请你做一本新产品的推销册。怎么做呢？可以到各大商场看看，借鉴一下他们的做法。

1. 信息分类

把众多关于本产品的信息资料加以分类整理。

2. 剪贴

用剪贴的办法把分好类的资料贴成册子。

3. 陈列

把做好的册子陈列在显眼的位置。

4. 小结

这完全是用手工做成的，所以有其特有的风格。

评估：是否掌握了信息的整理技能

继续下面的题目，评估一下自己的信息分类和整理的能力是否有所提高：对本单位职工的手机使用情况进行统计。

方案：

表 2-3-2 　　　　　　　　单位职工手机使用情况统计表

比较项 手机品牌			

续表

作业目的：能够掌握获取数据的关键点，即在接受某项任务时能够独立思考并确定所需数据及搜索范围，能够选取合适的方式获取所需数据。

第四节　定量筛选有效信息

目标：定量筛选信息

我们常常用"大浪淘沙""披沙拣金"来形容人们的选择行为，信息处理也需要这种选择。在信息收集和整理过程中，需要对大量信息进行辨识、归类、去粗取精，找到真正有价值的信息。

定量选择信息、按质筛选信息，是一项较复杂的技能。面对大量的资料，我们要学会分析信息，判断其中的内涵与外延，找到它们的真正价值。通过本节的学习，你将能够学会如何定量筛选有效信息。

任务：披沙拣金

信息不是越多越好，而是越有用越好，能解决问题的信息才是有效信息。我们需要对信息资料进行有目的的探究和发掘，筛选出有效的信息。

面对大量的信息，我们必须掌握筛选的常用方法。

准备：用"笔记法"筛选信息

笔记法是查阅文献资料、记录资料、筛选信息常用的方法。

笔记法的形式多种多样,主要有以下几种:

1. 写批语或做记号

所谓批语,就是在所读著作的空白处写上自己的见解或评语,或解释,或质疑。而记号,是读者对重点、难点、精彩之处或自己感兴趣的内容画上的各种标记,如直线、双线、曲线、红线、圆圈、箭头、括号、着重号、问号、感叹号等。这些记号代表什么意思可自己规定。注意:使用此法,仅限于在自己的书籍上进行。

2. 做摘录

做摘录,就是记下原文重要处、精彩处的内容,以作为今后写作时论证、引证之用。摘录时应注意不要断章取义,不要改动原文的字句和标点。此外,还要注明出处,包括书名或论文题目、作者姓名、出版单位、版本、出版时间(期刊年号、期号,或报纸年、月、日)等,而且要核对无误。

3. 做提要

所谓做提要,就是把原文的基本内容、主题思想、观点、独到之处或其他数据,用自己的话加以概括(引用原文也可以)。做提要时必须注意,概括一定要忠于原文作者的观点。

4. 做札记

做札记,就是在笔记本上随时记下自己读书时的心得体会和各种想法。这也是古人治学特别注重的一种方法。

5. 做文献综述

做文献综述,就是综合多份文献的信息,简要叙述。

以上几种笔记方法,除了写批语做记号外,其余皆可写在笔记本上。但笔记本有一个缺点,不便于资料的归类、整理、使用,因此,很多学者主张使用卡片做笔记。卡片的长处在于便于保存、携带、分类、归纳、查找和使用。不少有成就的学者都长于做卡片。做卡片时,卡片纸最好大小一致,每张卡片一般只记一个事例或一个问题。每张卡片要注明原始出处,一般性的知识或有工具书可查的内容可不记卡片。

行动力！　行动：筛选信息

【活动】汽车学院想在五一前后组织学生进行一次近郊旅游，请你调查领导和同学，确定他们的意见和倾向。

目的：

能够掌握筛选数据的关键点，即在大量的数据中，能够根据要求和实际情况选择最佳的可应用的数据信息。

步骤：

1. 利用百度等调查近郊景点

图 2-4-1

2. 利用"去哪儿"官网等调查景点门票及距离等

图 2-4-2

3. 调查领导和同学的意见

最终选择了＿＿＿＿＿＿＿＿＿＿＿＿＿＿＿＿＿＿，其特点是＿＿＿＿＿＿＿

＿＿＿＿＿＿＿＿＿＿＿＿＿＿＿＿＿＿＿＿＿＿＿＿＿＿＿＿＿＿＿＿＿。

4. 小结

我们收集到的各类资料在录入整理的时候，必须先确立标准，依据标准进行定量选择。

标准的确立，取决于我们对项目的熟悉和专业程度。在这个项目中，我们需要筛选出旅游目的地、时间、价格及相关旅行社的信息。筛选这些信息的标准是什么？如果经常完成同样的任务，对目标要求比较熟悉、比较专业，标准就比较容易确定；但如果是第一次筛选，标准的把握就需要斟酌。

你必须明白，你如果不是最后的决策者，这就决定了第一次的筛选是一次初步的处理，你可以制作一个"筛子"。领导和同学意向一致的部分将是进行选择的重要决策依据。譬如选择旅行社，就需要重点考虑价格、信誉、导游等方面的信息。

评估：你会披沙拣金吗

完成下列任务，评估自己筛选信息的能力。

阅读一些菜谱，找出不同菜系的特点，填写表 2-4-1。

中国是一个餐饮文化大国，长期以来由于地理环境、气候物产、文化传统以及民族习俗等因素的影响，在某一地区形成有一定亲缘承袭关系、菜肴风味相近、知名度较高，并为部分群众喜爱的地方风味著名流派，称作菜系。其中，鲁菜、川菜、粤菜、闽菜、淮扬菜、浙菜、湘菜、徽菜被称为"八大菜系"。

早在春秋战国时期，中国汉族饮食文化中南北菜肴风味就表现出差异。到唐宋时，南食、北食各自形成体系。发展到清代初期时，鲁菜、苏菜、粤菜、川菜，成为当时最有影响的地方菜，被称作"四大菜系"。到清末时，浙菜、闽菜、湘菜、徽菜四大新地方菜系分化形成。

表 2-4-1 不同菜系比较表

比较项 菜系	特点	代表菜

第五节 整合信息，形成检索目标

目标： 整合信息，形成索引

本节我们学习对信息进行以检索为主的再加工技能。通过本节的学习和训练，你将能够：整合信息，开发形成目录、索引、文摘、简介类的信息。

任务： 编排信息，方便查找

美国在实施"阿波罗登月计划"时，对阿波罗飞船的燃料箱进行压力实验，发现甲醇会引起钛应力腐蚀，为此付出了数百万美元来研究解决这一问题。事后查明，早在十多年前，就有人研究出来了，方法非常简单，只需在甲醇中加入 2% 的水即可，而检索这篇文献只需 10 多分钟时间。在科研开发领域里，重复劳动在世界各国都不同程度地存在。据统计，美国每年由于重复研究所造成的损失，约占全年研究经费的 38%，达 20 亿美元之巨。日本有关化学化工方面的研究课题与国外的平均重复率在 40% 以上。中国的重复率则更高。信息利用必须讲求效率，为提高各种信息的利用率，需要对信息进行整合，并且按照一定的原则与方法编排，使之方便查找使用。

准备： 信息检索的概念

传统的信息检索方法包括普通法、追溯法和分段法三种。

1. 普通法

普通法是利用书目、文摘、索引等检索工具查找文献资料的方法。运用这种方法的关键在于熟悉各种检索工具的性质、特点和查找过程，从不同角度查找。

2. 追溯法

追溯法是利用已有文献所附的参考文献不断追踪查找的方法。在没有检索工具或检索工具不全时，此法可获得针对性很强的资料，查准率较高，查全率较差。

3. 分段法

分段法是追溯法和普通法的综合，它将两种方法分期、分段交替使用，直至查到所需资料为止。

> 随着信息技术和网络技术的发展，一种更为高效便捷的检索方式"网络信息检索"，得到广泛的应用和认可。

网络信息检索一般指因特网检索，用户通过网络接口软件，可以在一终端查询各地上网的信息。这一类检索系统都是基于互联网的分布式特点开发和应用的，即：数据分布式存储，大量的数据可以分散存储在不同的服务器上；用户分布式检索，任何地方的终端用户都可以访问存储数据；数据分布式处理，任何数据都可以在网上的任何地方进行处理。

行动： 信息分类整理

整合信息有以下几种检索工具：

目录：是指按一定的规则记录图书文献的基本特征，并将这些记录按容易查检的方法编排组织成体系的检索工具。

索引：是将文献所含的具体内容（如篇名、主题、人名等）分析、摘录出来，注明出处，按一定的规则记录，并组织编排的检索工具。

文摘：是对文献基本事实与结论的简要叙述，不加说明或评注。它不仅记录文献的基本书目信息，而且提供文献的内容梗概，是系统报道、积累和检索文献的重要工具。

【活动一】颜色管理

阅读材料，了解颜色在管理领域的创新应用。

麦当劳颜色之应用与管理

全球最大快餐连锁餐厅——麦当劳快餐餐厅，业务量非常大。为易于管理，也为了让员工能在最短时间内了解餐厅及企业的作业流程，并达到标准，对于颜色在应用管理上做了相当的研究，并加以应用。

1．企业体上的应用

麦当劳的 CIS（企业形象识别系统）黄色拱门加红底白字，红色代表尊贵，红白对比鲜明，能达到视觉的最佳效果；再加上黄色（能促进食欲的颜色）拱门的搭配，可以说是最佳的配色组合。

2．制服上的应用

麦当劳餐厅内的员工，以职务分类为七种。若以薪资分类为两种，管理组的制服为淡红色，而非管理组的制服则为鲜红色。

3．技能鉴定上的应用

由于麦当劳员工中 80% 以上属于时薪人员，因此要了解时薪人员的技能并管理之，就得用不同颜色的标签加以区别。如受过服务员初级训练者，则在该栏内贴上红色标签；若通过进阶者则贴上绿色标签。通过的技能鉴定愈多者，愈能往上晋升职务。

4．原物料上的应用

同样的原物料，可能有两种以上的口味。如炸鸡块有原味的与辣味的，因此用红色包装的辣味来区别绿色包装的原味。

5. 文件的应用与管理

利用不同颜色的档案夹来区分文件的轻重缓急。例如：非常急且重要的用鲜红色的活页夹，表明此事必须立即处理；重要但不是非常急的用黄橙色的文件夹，表示要慎重处理；急但不是非常重要的用绿色活页夹，表示要找时间尽快处理；而一般的普通文件则用白色活页夹。

6.营销上的应用与管理

（1）顾客的管理：对每位顾客的消费量加以区分，如用红色标示消费多的顾客。（2）日期的管理：节庆、寒暑假等对餐厅的销售额影响非常大。例如，一般而言，春节时的销售量最大，清明节其次，再其次为中秋节等，此时以鲜艳的红色来标示，以提醒员工注意；周六、周日及别的假日，一般而言，其销售量为平常的2.5～4倍，则以明亮的黄橙色标示，借以提醒员工。

颜色管理也可以用到我们的办公室文件管理中。例如，在卷宗里，红色代表机密件，黄色代表急件等。

【活动二】利用网络检索工具，快速搜寻信息索引

互联网上的信息无穷无尽，我们如何才能找到自己想要的信息呢？强大的搜索引擎可以帮助我们在浩如烟海的网络信息中建立起所需信息的索引，利用它们可以快捷地找到目标信息。

以百度为例简单介绍一下这些搜索引擎的使用。

步骤一：在地址栏里输入网址 www.baidu.com，回车。

步骤二：在闪出的网页内，会有如下窗口（见图2-5-1），在文本框内输入所要搜索的信息，如"职业教育"，回车。

新闻 **网页** 贴吧 知道 MP3 图片 视频 地图 百科 更多>>

[   ] 百度一下

图2-5-1

互联网会在网络信息中显示"职业教育"的相关网页，见图2-5-2。

这个知识点相信很多同学都比较熟悉。其实强大的搜索引擎几乎无所不能，有人甚至说："内事不决问百度，外事不决问谷歌。"

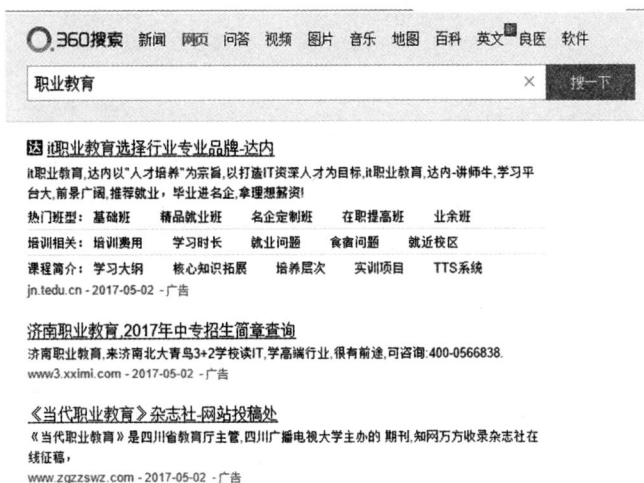

图 2-5-2

【案例】周末班里同学想去济南的泉城广场游玩，有的同学有私家车，有的同学必须坐公交车，每个同学的出发地点不同。班里的小王熟悉网络，他用"百度"帮大家解决了这个问题。

步骤一：在网页的地址栏内输入 www.baidu.com，回车，如图 2-5-3 所示。

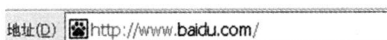

图 2-5-3

步骤二：在闪出的网页内，会有如下窗口，用鼠标左键点击"地图"链接，见图 2-5-4。

图 2-5-4

如果该同学坐公交车，点击"公交"按钮，会出现"请输入起点"和"请输入终点"的文本框。输入相应的内容后，点击"百度一下"按钮。

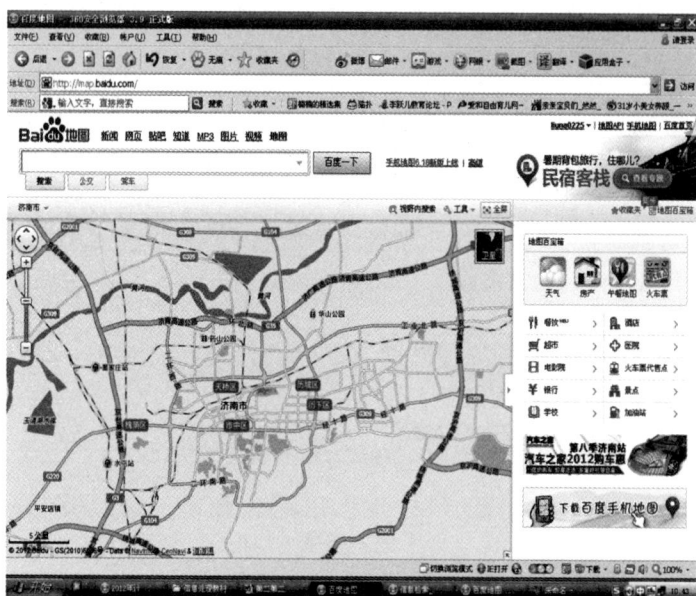

图 2-5-5

　　假设某同学家住堤口路铁路宿舍，就在起点的文本框内输入"铁路宿舍"，在终点的文本框内输入"泉城广场"。点击"百度一下"后，那么该同学的公交路线是这样的：

图 2-5-6

在窗口的左边会有所有"铁路宿舍"到"泉城广场"的公交线路组合，并且标注有每种组合的时间、距离、公交车次和上下车站名。（如图 2-5-7 所示）我们可以根据自己的实际情况，选择适合自己的线路乘车。

打车费用: 15元 (按驾车的最短路程计算)

| 较快捷 | 少换乘 | 少步行 |

1 k100路
全程约30分钟 / 6.8公里

起 铁路宿舍

🚌 乘坐 k100路，在 泉城广场站 下车　　10站

终 泉城广场

下载手机地图　★收藏　📱发送到手机　🖨打印

2 k91路 ▼

3 k107路 → 66路 ▼

4 45路 → 72路 ▼

5 12路 → 7路 → k51路 ▼

百度提醒您：以上行车线路仅供参考，如有问题请到百度地图投诉中心反馈。

图 2-5-7

如果是自驾出行，聪明的同学们，大家知道该怎么做了吗？

评估：会对信息分类并形成索引了吗

利用手机软件搜索去泉城广场的信息。

可利用的软件有＿＿＿＿＿＿＿＿＿＿＿＿＿＿＿＿＿＿＿＿＿，可选择的交通工具有＿＿＿＿＿＿＿＿＿＿＿＿＿＿＿＿，最终方案是＿＿＿，

原因是＿＿＿＿＿＿＿＿＿＿＿＿＿＿＿＿＿＿＿＿＿＿＿＿＿＿＿＿＿。

第六节　归纳、分类数据并编制图表

目标：将数据分类并编制图表

　　归纳、分类数据并编制统计图表是数字应用能力中数据处理的第二步，也是比较重要的一步。合理地归纳、分类数据并正确地编制出统计图表，有利于我们综合分析数据信息，对统计结果进行解释，并为后续数据处理做铺垫。

　　通过本节的学习和训练，你将能够：

　　1. 根据数据的特点，将数据归纳分类。

　　2. 根据数据的特点和类别，编制适当的统计图表。

任务：整理数据，编制简单图表

　　【案例】某牛奶灌装厂的生产经理要求质检员小刘抽检每天生产的袋装牛奶的重量。

　　小刘抽检某天生产的20袋牛奶的重量，获取了某天袋装牛奶重量的数据。为了进一步了解生产的情况，小刘需要做什么？

　　当我们需要分析数据信息时，必须先做以下几件事：

　　——将数据信息整理、归类、排序；

　　——将数据分组；

　　——计算每组的频率；

　　——制作频率分布表和频率分布图。

　　我们收集数据的目的是要通过数据，分析当天所生产的产品重量是否符合要求，但由于收集来的数据信息多且杂乱，我们无法直接从数据中看出、推断出生产的状况。因而需要将数据进行整理、归类，编制统计图表，通过图表、计算来分析数据。

准备：明确绘制图表的方法步骤

在得到所需要的数据或数据组之后，需要将数据进行整理（前面小节中已有介绍）。做统计图是分析数据的一种基本方法。

做统计图的步骤如下：

1. 分组整理成频率分布表；

2. 制作频率分布直方图。

频率分布直方图中横轴表示统计的数量，如前面案例中牛奶的重量等。横轴上的每一个间隔都是组距。纵轴表示频率／组距。因此：

$$每一个小长方形的面积 = 组距 × （频率／组距）= 频率$$

频率分布直方图用每一个小长方形的面积来表示每一组数据的频率大小。由于等距分组时，每一组的组距相同，因而，也可以用每一个小长方形的高度来表示每一组数据的频率大小。

频率分布直方图中各个小长方形的面积总和为1。频率分布直方图是用矩形的面积来表示频率分布的图形。

频率分布直方图与条形图不同的是：条形图中的条形宽度一致，用长度表示每种类别频数的多少；而频率分布直方图是用矩形的面积来表示每种类别频率的多少，它的长度与宽度都有意义，宽度不一定相同。

频数分布直方图一般对数据等距分组，用每一个小长方形的高度来表示每一组数据的频数大小。

绘制频率（数）分布直方图时，在平面直角坐标中，用横轴表示数据分组，用纵轴表示频率／组距或频数。

频率（数）折线图，也称为"频率（数）多边形图"，在频率（数）直方图的基础上把每个矩形顶部的中点用直线连接起来，再把原来的直方图去掉，就得到折线图。

需要注意的是在频数折线图中，折线的两个终点要与横轴相交，具体做法是将最左边和最右边的两个矩形的顶部的中点与其竖边中点连接延长到横轴。这样折线图与直方图所表示的频数分布是一致的。

由于人工绘图比较麻烦，我们也可以利用计算机来绘制统计图。下面介绍用 Excel 软件绘制统计图的方法。

1. 利用 Excel 软件将数据排序（见图 2-6-1）

方法是：输入数据—选中数据—选择菜单栏中的"数据"菜单—选择"数据"菜单中的"排序"功能—选择"排序"中的"升序"或"降序"—点"确定"或"OK"。

图 2-6-1　Excel 截图

2. 利用 Excel 软件对数据进行筛选（见图 2-6-2）

方法是：输入数据—选中数据—选择菜单栏中的"数据"菜单—选择"数据"菜单中的"筛选"功能—选择"筛选"中的"自动筛选"功能—点"确定"或"OK"。

图 2-6-2　Excel 截图

3. 利用 Excel 软件根据所做的统计表绘出所需要的统计图，如柱形图、条形图、折线图等（见图 2-6-3）

方法是：输入统计表—选中统计表—选择菜单栏中的"插入"菜单—选择"插入"菜单中的"图表"功能—选择"图表"中的"图表类型"功能—按照"图表向导"对话框的提示操作—点"确定"或"OK"。

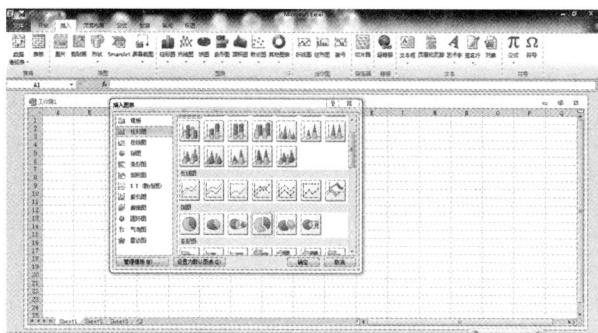

图2-6-3　Excel截图

行动力！　行动：如何整理数据，编制图表

【活动一】整理数据　编制图表

某牛奶灌装厂的生产经理要求质检员小刘抽检每天生产的袋装奶的重量。

小刘抽检某天生产的20袋牛奶的重量。下面是小刘某天获取的袋装奶的重量数据：

162　161　159　158　159　156　158　161　158　159

160　163　159　157　158　160　163　155　160　160

小刘获取数据后对数据进行了以下处理：

1. 通过 Excel 对上述数据进行排序（见图2-6-4）

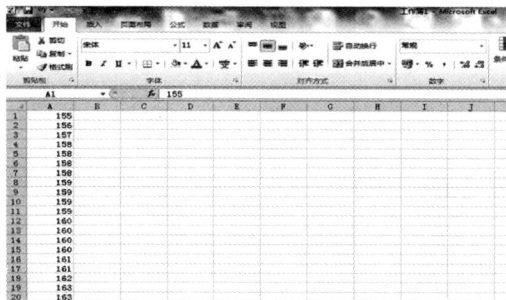

图2-6-4　用 Excel 对数据排序

数据按照由小到大的顺序排列如下：

155　156　157　158　158　158　158　159　159　159

159　160　160　160　160　161　161　162　163　163

2. 根据出厂的标准对数据进行分类

设 X 为牛奶重量，$|X-160|<5$ 的有 19 个；$X<156$ 的有 1 个，$X>164$ 的没有。可以看出不符合出厂标准的有一袋牛奶。

不符合出厂标准的牛奶的比率为＿＿＿＿＿；符合出厂标准的牛奶的比率为＿＿＿＿＿。

3. 对数据进行分组处理

（1）极差 $=163-155=8$，根据数据的特点来确定组距为 2，则组数为 5。

（2）制作频率分布表（见表 2-6-1）。

表 2-6-1　　　　　某厂某日牛奶重量的频率分布表

分组	频数	频率
[155，157)	2	0.10
[157，159)	5	0.25
[159，161)	8	0.40
[161，163)	3	0.15
[163，165)	2	0.10
合计	20	1

（3）利用 Excel 软件制作频率分布直方图（见图 2-6-5）

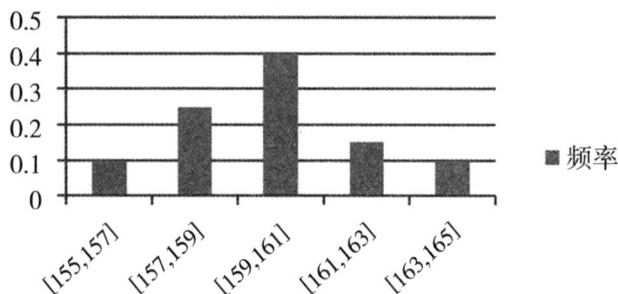

图 2-6-5　袋装奶重量频率分布直方图

方法是：输入统计表—选中统计表—选择菜单栏中的"插入"菜单—选择"插入"菜单中的"图表"功能—选择"图表"中的"图表类型"中的"柱形图"—按照"图表向导"对话框的提示操作—点"确定"或"OK"。

（4）利用 Excel 软件制作频率分布折线图（见图 2-6-6）

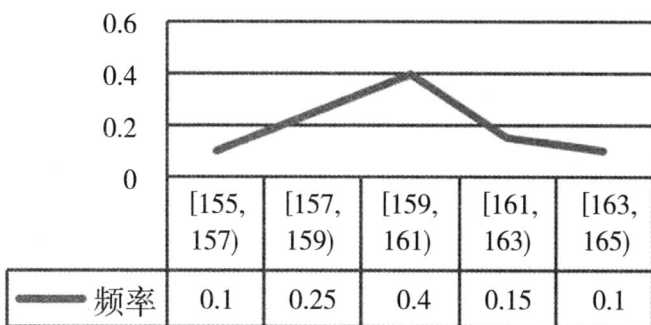

	[155, 157)	[157, 159)	[159, 161)	[161, 163)	[163, 165)
——频率	0.1	0.25	0.4	0.15	0.1

图 2-6-6　袋装奶重量频率分布折线图

方法是：输入统计表—选中统计表—选择菜单栏中的"插入"菜单—选择"插入"菜单中的"图表"功能—选择"图表"中的"图表类型"中的"折线图"—按照"图表向导"对话框的提示操作—点"确定"或"OK"。

评估：你是否掌握了整理数据的要点

测量一下自己所在班级同学的身高，然后对这些数据进行排序、分组，制作频率分布直方图。

统计：＿＿＿＿＿＿＿＿＿＿＿＿＿＿＿＿＿＿＿＿＿＿

＿＿＿＿＿＿＿＿＿＿＿＿＿＿＿＿＿＿＿＿＿＿＿＿＿。

排序：＿＿＿＿＿＿＿＿＿＿＿＿＿＿＿＿＿＿＿＿＿＿

＿＿＿＿＿＿＿＿＿＿＿＿＿＿＿＿＿＿＿＿＿＿＿＿＿。

分组：

制作频率分布直方图：

第三单元　结果展示和应用

在实际工作过程中，依据所给的简单数据信息及计算后的结果，展示和使用数据信息，至少使用一个表格或图表。在展示和使用数据信息时，要能够：

1. 用适当方法展示数据信息和计算出来的结果，包括使用图表、数表、坐标图、条形统计图、扇形统计图、流程图及示意图等。

2. 设计并使用图表（例如频数表和现场图），并采用公认的换算公式来做标识（例如比例标度和轴线等）。

3. 正确使用单位，如面积、体积、重量、时间、温度等。

4. 用计算出来的结果准确地说明你的工作任务完成情况及现状。

5. 判断计算结果是否与工作任务的要求相一致。

在获得了工作所需数据并对这些数据进行了必要的计算和验算后，要把结果展示出来，说明你的工作任务完成情况及现状。通过本单元的训练，你能够对数据进行分析，对运算的结果进行展示和应用。

> 处理和分析数据的目的在于根据所得的结果解决实际问题，因而对数据进行分析、对运算的结果进行展示与应用是数字应用必不可少的环节。

本课程仍采用实际的案例分析和任务驱动的训练方法，使你学到展示数据信息的适当方法并能够正确应用到实际工作中去，能用计算出来的结果准确地说明你的工作任务完成情况及现状，能判断计算结果是否与工作任务的要求相一致。

第一节　展示数据信息

目标：掌握展示数据信息的基本方法

展示数据——数据之美

当我们要理解那些复杂的数据或者分析大量的信息时，语言和文字根本不能满足我们的需要。信息图片在把乱成一堆的数据变成视觉上的享受的同时，还可满足信息上和知识上的需求。当你想及时又清楚地传递一大堆复杂的信息时，可视化信息传递工具就成了你最好的工具。接下来就让我们看一下美丽的图片展示的数据吧。

图 3-1-1 是一张把汽车消耗汽油获取能量比作人类消化食物的图片：

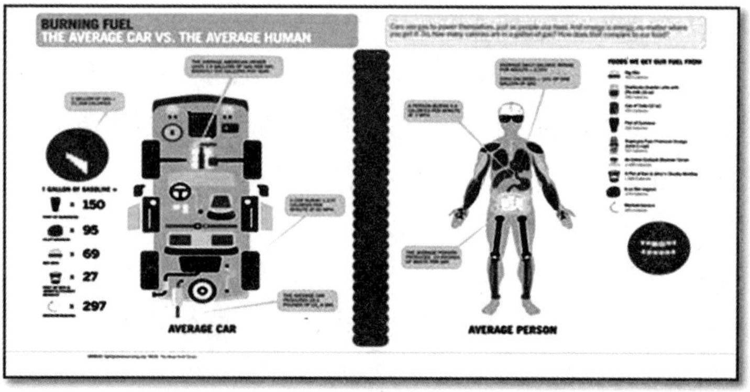

图 3-1-1

展示数据信息是展现你的数字应用能力的一个方面。用图表、数表说明你的工作任务完成情况及现状，既直观又形象。如何展示数据将直接关系到你工作任务完成的质量。对取得的数据采用适当的方法进行展示以满足工作任务的需要，在数字应用中是十分重要的，也是本节的主要内容。

直观、形象地展示数据是数字应用的关键。

通过本节的学习和训练，你将能够：

1. 能用适当方法展示数据信息，包括使用图表、数表。

2. 能正确使用单位，如面积、体积、重量、时间、温度等。

任务：了解展示数据常用的方法

【案例】上一单元中，小李对班上十名男同学的身高、体重进行了测量，并把数据整理成表格，但每个同学的肥胖状况并不清楚。

小李采用国际通用的体重指标：

$$R = \frac{W}{H^2}$$

R 为一个人体重的公斤数除以其身高米数的平方，如 R<18.5 为体重偏轻，$18.5 \leqslant R \leqslant 24.9$ 为正常，$25 \leqslant R \leqslant 29.9$ 为偏重，$R \geqslant 30$ 为肥胖。

小李计算后得到的结果是：

表 3-1-1　　　　　　身高体重指标表

身高	体重	体重指标
1.76	68	21.95248
1.68	61	21.61281
1.78	69	21.77755
1.81	69	21.06163
1.67	73	26.17519
1.72	71	23.99946
1.76	64	20.66116
1.74	65	21.46915
1.71	59	20.17715
1.78	65	20.51509

为直观形象地反映结果，小李又做了条形图。（见图 3-1-2）

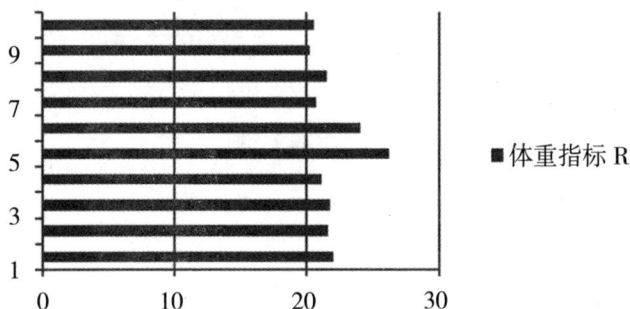

图 3-1-2　体重指标条形图

我们在工作和生活中经常需要展示数据信息，比如使用图表、数表，正确使用面积、体积、重量、时间、温度等单位。这是我们在数字应用中必须具备的两个能力点，即应会的两个要点。

怎样获得这种能力呢？下面我们通过具体的案例开展训练。为此，我们先做准备，了解数据展示应会的是什么。

准备：熟悉常用图表的绘制方法

应会用不同的方式展示结果：

1. 会选择何时用条形图显示分散的数据。

2. 使用常用的度量设备和度量单位来定义数量。

3. 绘制房间或一件设备的示意图。

4. 熟悉标注图表和示意图。

5. 描述计算结果显示的内容与任务目的的相关联系（如，显示的计算结果表明原问题的答案是"错误的"）。

> 对数据进行运算和验算后，用不同的方式展示结果，在日常生活、学习工作、科学研究中都是必不可少的。

评估：你是否掌握了展示数据的要点

请根据以下报告将调查表格图形化。

铁西区城市低收入居民生活状况调查报告（部分）

我们本着"以民为本、为民解困"的宗旨，组织相关人员开展了城市低收入居民生活状况的调查。现就调查的有关情况报告如下：

部分统计表如下：

表3-1-2　　　　　　低收入家庭收入来源结构表

统计项目 收入来源	户数总量	所占比例（%）	收入排名
自谋职业收入	16608	45.93	1
退休金	14483	40.05	2
工资	4284	1 185	3
其他	318	0.875	4
失业救济金	167	0.46	5
抚养费	129	0.36	6
下岗生活费	80	0.22	7
一次性补偿金	66	0.18	8
遗属费	27	0.075	9

请根据以上表格做图形展示。

第二节　使用适当的方法展示计算结果

目标：使用适当的方法展示计算结果

选用适当的方法展示计算结果，是完成任务最关键的一步。如果选用的展示方法不当，将直接影响到任务完成的结果，甚至将前功尽弃。展示数据处理、计算结果一般是用图表（如坐标图、条形统计图、扇形统计图、流程图及示意图等）。

通过本节的学习和训练，你将能够：

1. 根据工作任务及目的，选用适当方法展示计算结果。

2. 设计并使用图表（如频数表、总额表和现场图等）。

任务：了解常用的展示方法

【案例】某牛奶灌装厂的生产经理要求质检员小刘抽检每天生产的袋装奶的重量。小刘获取数据后对数据进行处理，他用 Excel 软件制作了频率直方图（见图 3-2-1），展示了数据信息和计算出来的结果。

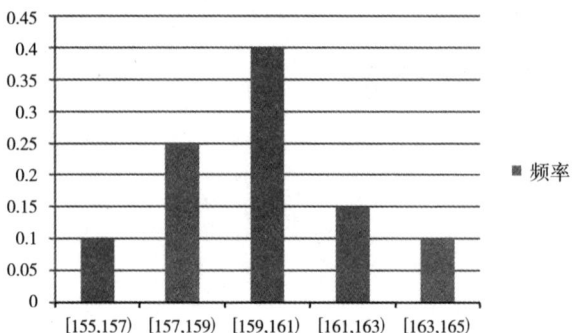

图 3-2-1　牛奶重量分布频率直方图

准备：计算统计量，编制图表

我们除了可以用不同的方式来展示结果外，还要根据工作任务的目的，选用适当方法来展示计算结果，能够根据工作任务的需要设计并使用图表。

1. 理解各种图表表达的意义，如坐标图、条形统计图、扇形统计图、流程图及示意图等。

2. 设计并使用图表（例如频数表、总额表和现场图）。

3. 采用公认的换算来做标识（例如比例标度和轴线等）。

4. 能选用适当方法来展示计算结果。

行动：怎样展示结果

2000 年到 2005 年，某公司的产品在甲乙两地的销售数量如下表，比较两地销售的稳定性。

表 3-2-1　　　　　　　产品销售完成情况统计表

年份	2000	2001	2002	2003	2004	2005
甲地	440	430	470	410	570	540
乙地	470	430	460	480	510	510

提示：用坐标图或条形统计图展示结果。绘制线图时应注意以下几点：

1. 时间一般绘在横轴，指标数据绘在纵轴。

2. 图形长宽的比例要适当，一般应绘成横轴略大于纵轴的长方形，其长宽比例大致为 10∶7。图形过扁或过于瘦高，不仅不美观，而且会给人造成视觉上的错觉，不便于理解数据变化情况。

3.一般情况下，纵轴数据下端应从 0 开始，以便于比较。纵轴数据与 0 之间的间距过大时，可以采取折断的符号将纵轴折断。

第三节　应用结果　得出结论

目标：分析结果　得出结论

检查结果是必要的步骤,它能保证运算过程的正确性,保证结论的合理性。应用计算出来的结果准确地说明你的工作任务完成情况及现状,这是数字应用能力最终的体现。

通过本节的学习和训练，你将能够：

1.用计算出来的结果准确地说明工作任务完成情况及现状。

2.判断计算结果是否与工作任务的要求相一致。

任务：如何对结果进行分析

【案例】在牛奶灌装厂小刘抽检了当天生产的 20 袋牛奶的重量之后，领导要求他利用得到的数据计算结果，说明生产现状，并进一步分析生产线上称重设备的工作状态是否稳定。

质检员小刘下一步需要做什么？

我们在验证数据计算结果的正确性以后，还要解决以下几方面的问题：

——判断计算结果是否与工作任务的要求相一致；

——根据计算结果对工作任务完成情况及现状进行准确说明；

——预测将来的生产状况。

我们需要独立完成一项任务时，先要了解以下几方面的问题：

——分析资料，处理数据信息；

——检查结果，得出结论。

准备：明确各种概念的含义

结合前面你所学的获取数据、分析数据的方法，完成这项工作。特别是对数学中的概念、公式，一定要明确它们的意义，否则将无法对实际工作中的问题加以解释和说明，甚至得出错误的结论。例如均值、方差等，均值反映了系统的系统误差，而方差则反映了系统的随机误差。

行动力！

行动：对计算结果进行描述、分析、预测

【活动一】分析结果

质检员小刘为了说明生产现状，使用 Excel 软件计算统计量如下：

表 3-3-1　　　　　　　　相关的统计结果

平均	159.3	从平均值可粗略看出大多数产品是否符合出厂要求
标准误差	0.470722	
中位数	159	中位数离标准重量 160 克仅差 1 克
众数	159	多数牛奶和标准相差 1 克
标准差	2.105132	从标准差可以知道数据分布的稳定情况，标准差越小，数据越稳定
方差	4.431579	方差与标准差描述同样的结果
峰度	−0.0611	
偏度	−0.02708	
区域	8	
最小值	155	最小值与 160 克相差 5 克
最大值	163	最大值与 160 克相差 3 克
求和	3186	
观测数	20	
置信度（95.0%）	0.985232	

称重设备的工作状态是否稳定可以通过样本数据的方差或标准差来观察。如果称重设备的工作状态稳定,那么下生产线的牛奶的重量就比较稳定,不会出现大幅度的波动,也就是各个数据与平均值的距离不会太远,因而方差或标准差比较小。如果称重设备的工作状态不稳定,那么下生产线的牛奶的重量就不稳定,就会出现大幅度的波动,也就是各个数据与平均值的距离有可能很远,因而方差或标准差比较大。

小刘从统计量的结果可以粗略看出流水线的工作状态还比较稳定。当然,要想得到更准确的结果,还需要进一步做假设检验。

评估:你能否分析下面的数据

某公司购进 21 箱接插件,每箱接插件的标准数量是 50 个,每箱接插件的具体个数统计如下:

表 3-3-2　　　　　　　　每箱接插件的具体个数统计表

48	54	46	49	50	49	50
50	48	52	54	51	53	53
49	50	52	50	48	51	50

请绘制频率分布直方图,确定平均数、标准差、众数、中位数。你对这批接插件的数量能做出什么结论?

请补全下表。

表 3-3-3　　　　　　　　数据统计分析表

平均数		从平均值可粗略看出大多数产品是否符合出厂要求
标准误差		
中位数		中位数离标准仅差
众数		多数和标准相差
标准差		从标准差可以知道数据分布的稳定情况,标准差越小,数据越稳定

续表

方差		方差与标准差描述同样的结果
峰度		
偏度		
区域		
最小值		
最大值		
求和		
观测数		
置信度（ ）		

第四节　计算机编辑、生成及扩展生成信息

目标： 1.在计算机上编辑、生成并保存信息

2..将电子表格转换成数据库可处理的数据

在现代社会，计算机是一个处理信息的好帮手，学会用计算机编辑整理信息将会大大提高我们的工作效率。经常与数字打交道的人都知道，使用表格或数据库是一种高效快速综合信息的方法。

通过本节的学习和训练，你将能够：

1.在计算机上根据需要开发使用信息（如通过移动、复制、删除和插入信息等方法组织新的文本）。

2.在计算机上以合适的文档格式保存文件。

3. 在计算机上用下载等方法收集保存信息。

4. 重组数据，调整表格，通过数据生成图表。

5. 使用公式计算总数或平均数。

任务：生成新文本，保存网页上的信息

计算机的一个重要功能是文字的处理。在工作中掌握了处理文字的技能，可以十分方便地收集整理信息，生成新的文本，开发出新的信息资料。在信息的整理阶段，这方面的技能非常有用。

网络是现代社会获取信息的一条重要渠道，在日常事务中经常会碰到这样的情况。客户服务部小陈要去对新客户进行培训，其中要用到网上的一些实例，但不确定新客户处有无上网条件，需要把相关网页保存到自己的笔记本电脑中。他该如何操作？

准备：计算机编辑和下载保存信息

1. 复制或移动对象

要实现复制或移动对象，在 Windows 操作系统中需执行两步操作：第一步是复制（或剪切），该信息将会被复制（或移动）到剪贴板并保留在那里，直到你清除剪贴板或者你复制（或剪切）了另一条信息；第二步是在任何需要的时候将信息从剪贴板粘贴到指定文件的指定位置中，这样整个操作才算完成。

2. 在文档中插入表格

使用表格可以将各种复杂的多列信息简明扼要地表达出来。Word 具有强大和便捷的表格制作与编辑功能。Word 的表格可以输入各种文字、数据、图形，可以建立超级链接，可以设置表格的环绕版式，实现表格与文字的混排。此外，还有绘制斜线表头的功能，甚至可以在表格中嵌套表格。中文 Word 的表格是由按行列排布的网格单元构成的。

在当前文档中使用插入的方法来建立表格，是初学者最容易接受的简单

操作。

在中文 Word 中，可以如同手执一支笔那样随心所欲地在文档中绘制更复杂的表格，而且在所建立的表格中各单元格的高度可以不同，或各行有不同的列数。

3. 网页的下载和保存

查看网页时，能找到想保存以备将来参考或与他人共享的信息。可以将网页的全部或部分内容（文本、图像或链接）保存起来。

要保存显示该网页时所需的全部文件，包括图像、框架和样式表，请单击"网页，全部"。该选项将按原始格式保存所有文件。

如果想把显示该网页所需的全部信息保存在一个 MIME 编码的文件中，请单击"web 档案，单一文件"。该选项将保存当前网页的可视信息。（注意：只有安装了 Outlook Express 5 或更高版本后才能使用该选项）

如果只保存当前 HTML 页，请单击"网页，仅 HTML"。该选项保存网页信息，但它不保存图像、声音或其他文件。

如果只保存当前网页的文本，请单击"文本文件"。该选项将以纯文本格式保存网页信息。

如果用电子邮件发送网页，请在"文件"菜单上指向"发送"，然后单击"电子邮件页面"或"电子邮件链接"。在邮件窗口中填写有关内容，然后将邮件发送出去。（注意：必须在计算机上设置电子邮件账户和电子邮件程序）

可以在计算机未与互联网连接时阅读网页的内容。例如，在无法连接网络或互联网时，可以在便携机上查看网页。

可以指定有多少内容需要脱机阅读，例如只是第一页或者某一页以及其所有链接，并且选择如何在计算机上更新这些内容。

行动力！

行动：绘制表格，保存网页信息

【活动一】电脑上绘制球赛秩序表

济南市某技师学院每年都要组织秋季篮球赛，作为总裁判长助理的小张要绘制比赛秩序表。他该怎么操作呢？

步骤一：打开文档处理软件 Microsoft Word，选择页面视图，输入表格外的文字。

步骤二：在合适的位置插入四行五列的规则表格。

步骤三：打开表格和边框工具栏，选择绘制表格，绘制表格中分割的斜线和横线。

步骤四：选择整个表格，然后复制、粘贴表格。

步骤五：输入表格中的文字。

步骤六：设置表格和文字的对齐方式。

步骤七：设置表格和文字之间的环绕关系。

步骤八：保存文档。

A 组：1 号球场篮球赛程序表（见表 3-3-3）

表 3-3-3　　　　　　　　　A 组篮球赛秩序表

	数控加工系	电气系	机械制造系	名次
数控加工系				
电气与自动化系				
机械制造系				

B 组：2 号球场篮球赛程序表（见表 3-3-4）

表 3-3-4　　　　　　　　　B 组篮球赛秩序表

	汽车维修系	计算机系	电气电焊系	名次
汽车维修系				
计算机系				
电气电焊系				

【活动二】保存网页供脱机时使用

步骤一：连接网络，将需要保存的网页打开，使其成为当前网页。

步骤二：在"收藏"菜单上，单击"添加到收藏夹"。

步骤三：选中"允许脱机使用"复选框。

步骤四：要指定此网页的更新计划以及待下载内容的数量，请单击"自定义"。

步骤五：根据屏幕指令操作，直至收藏该网页。

步骤六：逐一打开需要查看的网页（当然也可以保存网页，保存格式为整个网页）。断开连接，再在脱机方式下试着打开该网页。

【活动三】找回被误删除的文件

打开系统进入回收站，看是否找到文件，如果找到了，执行还原命令，文件就会恢复；如果没有找到文件，上网查找恢复工具或者寻求技术指导；如果问题得不到解决，只好找专业数据恢复公司。

任务：用电子方式重组数据得到新的信息

准备：理解 Excel

Excel 是美国微软公司开发的电子表格软件，具有强大的功能。该软件具有友好的用户界面；操作简单，易学易用；引入公式和函数的数据计算功能；能自动绘制数据统计图和绘图功能；具有有效管理、分析数据的功能；增强网络功能。

行动：使用计算机制作图表和统计数据

【活动一】某班同学暑假开展旅游活动，用计算机扩展生成信息

我们在统计了本班同学暑假旅游数据后，可以做一张报表，即利用电子表格生成同学旅游数据文件。

步骤一：打开 Microsoft Excel，新建一个工作簿。

步骤二：输入每人的旅游地、旅游天数、交通工具、住宿条件，以一文件名保存。（见图 3-3-1）

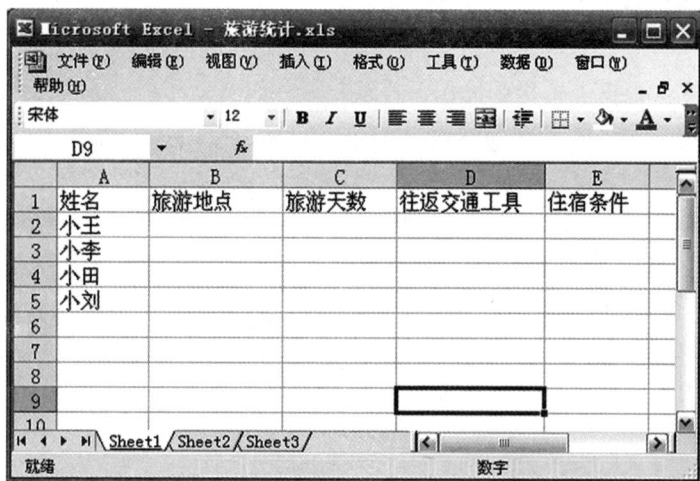

图 3-3-1

【**活动二**】用 Access 数据库生成同学旅行信息数据报表

步骤一：打开 Microsoft Access2000，打开该数据库。

步骤二：导入上面做的同学旅游地数据 Excel 文件。

步骤三：选择查询对象，用选择查询向导新建报表文件。

步骤四：选择报表文件，打印报表。

评估：会用计算机做帮手吗

评估自己的能力，用下列题目再练一练。

1.在计算机上画一个课程表。

2.分别用"网页，全部""网页，仅 Html""Web 档案""文本文件"类型保存新浪网的首页。

3.调查本校近三年的招生情况，计算出录取率和报到率，并用图表显示。

第四单元　传递信息

能力培训测评标准

　　在信息处理过程中，应根据工作任务的不同需要利用口头或书面形式传递信息，使用信息整理的成果。

　　在传递信息时，能够做到：

　　1.将整理的信息通过电话、交谈、口头汇报等口语形式进行传递，使用传真、电子邮件等文本形式进行传递。

　　2.使用合适的版面编排来展示文本、图像和数据等不同类型的信息。

　　3.用规范的方式展示信息（例如，选择合适的字体、字号、标题和数字编号，排列并确定图形、表格的位置）。

　　4.确保所显示的信息准确、清楚（如信息的内容校对和检查，在计算机上用相应的方法突出重要信息）。

　　5.遵守版权和保密规定。

　　人与人之间的交往和合作离不开相互传递信息。不同时期人们传递信息的手段各不相同，这与一定的科技水平有关。古人传递信息主要是放大人的感官功能，如顺风而呼，登高而招；后来借助外物，如烽火、信鸽等。随着技术水平的不断提高，人们传递信息的手段方式不断变化、不断丰富，传递信息的速度、水平和质量也不断提高。

　　在传递信息阶段，我们可将上文列述的 5 个方面的能力归纳为 4 个基本的能力点：

1.通过电话、交流、汇报等形式口头传递整理的信息。

2.通过书面的方式（简历、启事、公函等）传递信息。

3.能选择规范的版面展示信息资料。

4.能使用电子媒介传递信息。

本单元分四节来训练：第一节训练以口语方式传递信息；第二节训练以书面方式传递信息；第三节训练两个能力点，即计算机版面编排和以电子邮件传递信息；第四节训练信息组合展示。如果你已掌握了其中的部分内容，可以将其跳过，学习你不熟悉的内容。

遵守版权和保密规定是行为法则，属于依法依规办事的范围。我们在收集整理信息资料时，必须时时注意遵守国家的《版权法》《著作权法》，不盗版，不侵犯别人的著作权。在传递信息时，任何技术的操作和技能的使用必须在法律和法规允许的前提下进行，要注意国家和单位关于保密的要求，严格地遵守相关的规定。上述标准中要求的这些内容是一种法律和责任意识，是我们工作的前提，我们必须牢牢把握，在本单元不进行专节的训练。

第一节　口语方式传递信息

目标：三寸不烂之舌，强于百万之师

古人说："出言陈辞，身之得失，国之安危也。""一人之辩，重于九鼎之宝；三寸之舌，强于百万之师。"随着社会的发展和进步，人们越来越重视口才的作用。

有人做过统计，一个人每天至少有十六分之一的时间靠说话来表情达意，人类交际活动的85%需要借助说和听来进行。在当今通信技术高度发达的信

息时代，人们广泛使用电话、电视传递信息，用口语"直接说"的方式传情达意。电子通信手段的发达，当面说或通过电信手段"如面说"的机会越来越多了，以口语方式交流传递信息的地位也越来越重要。

通过本节的学习，你将会了解和掌握口语传递信息的基本知识和技巧。

任务：学会用口语准确传递信息

随着市场经济的发展和人际交往的频繁，在工作和日常生活中，以口语方式传递信息越来越频繁，能力要求越来越高。在现代职场，不少单位招聘时，语言表达能力特别是口语交流能力往往排在综合素质的首位。在不少领域，看一个人是不是人才，往往先看他有没有良好的口语表达能力。人们正在把口语表达能力作为衡量人才质量的重要标尺。

准备：口语表达基础知识

一、自我介绍的技巧

自我介绍实际上是一种自我推销，它给别人留下的是第一印象。一般来说，自我介绍时要注意"四要"和"六不要"。

1. "四要"

（1）要镇定而且充满信心。一般人对于自信的人都会另眼相看，产生好感；相反，如果你畏怯和紧张，可能会使对方产生相应的情绪反应，从而对你有所保留，使彼此之间的沟通产生阻隔。

（2）要预先准备。在公共交际场合，如果你想认识某一个人，最好预先获得一些有关他的资料，诸如性格、特长及个人兴趣等。有了这些资料，在自我介绍之后，便容易交谈沟通，使双方关系快速融洽。

（3）要热诚地表示自己渴望认识对方。任何人都会觉得能够被人渴望结识是一种荣幸。如果你的态度热诚，别人也会以热烈的响应和欢迎回报你。

（4）要善于用自己的眼神表达自己的友善、关怀及渴望沟通的心情。眼睛是心灵的窗口，真诚的眼神有时会胜过千言万语，在一瞬间拉近彼此的距离。

2."六不要"

（1）不要过分地夸张和表达热忱。过分用力握手或热情地拍打对方背部的动作，可能会使别人感到诧异。毕竟，你们刚刚认识，还没有亲密到这种地步。

（2）不要打断别人谈话而介绍自己，要等待适当的时机。任何时候，出于任何目的，打断别人的谈话都是极其无礼的行为。

（3）不要态度轻浮，要尊重对方。无论男女，都希望受到别人尊重，特别是希望别人尊重其优点和成就；因此，在自我介绍时，神色要庄重一些，避免油腔滑调。

（4）不要守株待兔。如果希望认识某一个人，就要主动，不能等待对方注意自己。主动会加深别人对你的印象和好感，等待则只能留下悔恨和遗憾。

（5）不要只结识某一特殊人物，应该和多方面的人物打交道。人世无常，认识各行业、各层次的人，会令你增广见识，也能在不期然中带给你许多意外的惊喜和帮助，所以，切忌用有色眼镜将人分等级，不要轻视小人物。

（6）不要因对方记性不好而不悦。如果在你自我介绍之后，有人仍叫不出你的姓名，不要显出不悦，令对方尴尬。最佳的办法是直截了当地再自我介绍一次。

只要遵守以上原则，你的自我介绍一定会取得成功。有些人，特别是性格比较内向、不善言辞的人，常常不知道该怎么开始人际交往的第一次，也就是不会说双方结识时的第一句话。其实，只要依据自我介绍的实际需要和所处场景，采取一定的方法，就可以达到引起注意、结识并诱发谈话兴趣的目的。下面就为大家介绍几种常用的自我介绍方式。

1.应酬式

在某些公共场合和一般性的社交场合，如旅行途中、宴会厅里、舞场之上、通电话时，都可以使用应酬式的自我介绍。

应酬式介绍的对象是进行一般接触的交往对象，或者属于泛泛之交，或者早已熟悉，进行自我介绍只不过是为了确定身份或打招呼而已，所以，此种介绍要简洁精练，一般只介绍姓名就可以。例如："您好，我是XX。"

2. 工作式

工作式自我介绍，主要适用于工作和公务交往中，它以工作为自我介绍的重点，因工作而交际，因工作而交友。

工作式自我介绍有三要素：本人姓名、供职单位及部门、担负的职位或从事的具体工作。三者缺一不可，除非确信对方已经熟知。介绍姓名时，应当一口报出。有姓无名或有名无姓，都会显得有失庄重。供职的单位及其部门，最好也全部报出；有时，个人的工作部门也可以暂不报出。担任职务的最好报出；职位较低或无职位的，则可以报出目前所从事的具体工作。

3. 交流式

有时，在社交活动中，我们希望某个人认识自己，了解自己，并与自己建立联系时，就可以运用交流式的介绍方法，与心仪的对象进行初步的交流和进一步的沟通。交流式的自我介绍比较随意，可以介绍姓名、工作单位、籍贯、学历、兴趣以及与交往对象的某些熟人关系，可以不着痕迹地面面俱到，也可以故意有所隐瞒，造成某种神秘感，激发对方进行进一步沟通的兴趣。俗话说的"套瓷"就属于此类，而时下网络上的"浪漫邂逅"更是典型代表。

4. 礼仪式

在一些正规而隆重的场合，比如讲座、报告、演出、庆典、仪式等一些正规而隆重的场合，要运用礼仪式的介绍方式，以示对介绍对象的友好和敬意。礼仪式的自我介绍，包含自己的姓名、单位职务等，还要加入一些适宜的谦辞敬语，以符合这些场合的特殊需要，营造谦和有礼的交际气氛。在社交中，我们要根据具体情况采用不同的自我介绍方式，以实现既定的目的和效果。同时，还要注意掌握相应的语气、语速以适应当时的情境，并且力求做到实事求是、真实可信，不过分谦虚、贬低自己，也不自吹自擂、夸大其词。这样，才能顺利完成交际中的第一关，为日后进一步交往打下良好的基础。

二、电话信息的传达技巧

随着科学技术的发展和人们生活水平的提高，电话的普及率越来越高，人离不开电话，每天要接、打大量的电话。一般人在听到电话铃响时总是说

"喂"。打电话的人便问："请问XXX在吗？"或者说："劳驾，请您帮我叫一下XXX接电话。"如果要找的人不在，接电话的人应该主动问是否有事要转告。最好的办法是打电话的人将自己的姓名、电话留给对方，并请他转告自己要找的人，不要听对方说XXX不在，就马上挂断电话。看起来打电话很容易，其实不然。打电话大有讲究，可以说是一门学问、一门艺术，也要掌握一定的艺术或技巧。

打电话不像写书面材料那样字斟句酌，也不像面谈那样可以借助于态势语来表情达意。在打电话时，你的姿态、笑容、动作表情对方完全看不见，你的善意、亲切、好感完全依靠你的语言和声音来传达。要完整地传递信息，较好地完成交际任务，必须注意其中的技巧。

1. 应报清自己的姓名，让对方清楚你是谁。

2. 要把礼貌和热情通过话筒传达给对方。

3. 通话目的要明确，要要言不烦，措辞应口语化。

4. 吐词咬字要清晰，语速恰当，音量以对方听清为宜。

5. 需要告知重要的内容时，在通话前要打好腹稿，通话时抓住你要说的内容要领和关键。

6. 为了防止通话中出现误会和差错，应重复要点，请对方确认。

电话交谈的语气是影响通话效果的一个重要方面。事实上，语言的交流通常只占整个交流过程的7%，很大一部分的交流都是由非语言信息完成的。非语言信息包括身体语言、语气、神态等。请注意，你的口要正对着话筒，你的口唇要离开话筒大约半寸，音量不要太大或太小，咬字要清楚，说话速度要比平时速度略微慢点，必要时把重要的话重复一下。如果你想给对方留下好的印象，你就必须用能给对方留下好印象的讲话方式，应传达这样的一种语气给对方：态度明确，热情洋溢，乐于帮助，举止得体。

三、商品推介的艺术

享有"南哈佛"美誉的埃默里大学（Emory University）教授格雷戈里·伯恩斯博士说过："你也许有全世界最棒的想法，但若是无法说服其他人去相信那个想法，一切全是白费。"

商品推介是对事物的介绍。其他如对展览物品的解说，对某地名胜古迹的解说，对某场球赛的解说，以及电影、电视中的画外音，都属于事物介绍。

介绍某种商品（事物）时，你必须把握以下问题：

1. 对被介绍的商品要有全面透彻的认识和了解，对商品的优点、功能和价值应当了如指掌；先打好腹稿，推介时说清楚商品的特点、构造、性能、规格以及使用方法。

2. 为了让听众明白商品的来龙去脉，知其然又知其所以然，介绍商品的性能、使用方法时，可以把其中的道理说一说。

3. 把握好语言的特点和要求，吐字清晰，简洁明了，条理清楚，通俗生动。

4. 介绍和评价要做到实事求是、恰如其分。

5. 可以拟写介绍提纲，以免遗漏或说错。

行动力！ **行动：打电话，做自我介绍**

【活动一】请以传达开会信息为内容，两人一组进行打电话的训练

提示：

1. 注意运用打电话的要则。

2. 通话前，发话人要打好腹稿，通话时要讲清楚会议名称与主题、开会时间与地点、出席对象、会前准备事宜和与会应携带物品等。受话人要应答并传达出已经了解了开会的信息。

【活动二】请你在刚到的新单位向同事做自我介绍

在这里，自我介绍的内容应该包括以下几点：

1. 姓名。要清楚地报出自己的姓名，其中难写、易混的字要做适当的解释。为了让别人记住你的名字，在介绍过程或结束时，不妨再说一次名字。这种希望对方记住的积极态度会给人留下深刻的印象。另外，介绍你的姓名时应该做到独具特色。简单地介绍姓名留给人的印象非常平淡，独具特色的自我介绍才能给他人留下深刻的印象。一个人的姓名，往往有丰富的文化沉淀，或折射着凝重的史实，或反映时代的乐章，或寄寓双亲对子女的殷切希望。因而，巧妙介绍可令人加深印象。

2.籍贯或出生地。中国人的同乡认同感可以使在场的同乡或近邻产生亲切感，也可据此找到话题，活跃介绍时的气氛。

3.毕业学校和所学专业。这能使对方了解你的文化层次，或许还能意外地发现校友、同窗以及跟你同一专业的人，这对进入社交领域的人大有好处。

4.特长与兴趣、爱好。让人了解你的个性、爱好、特长，以利于今后的交往。"嘤其鸣矣，求其友声"，兴趣相近的人往往容易认同。

5.谦逊的态度。刚毕业参加工作，没有经验，话语中应该表示出虚心向别人学习的愿望，表示出希望得到别人帮助的愿望。

在日常生活和工作中，互相不认识的人见面总免不了要自我介绍。自我介绍是传递信息的开始。它像一座信息桥梁，是一切社交活动的启动器。如能掌握一些必要的介绍用语和技巧，那么，交际活动就能顺利进行，交际的花蕾就能开得更鲜艳。自我介绍是交际活动中相当重要的手段，是一个人的"亮相"。第一次亮相传达的信息不多，却能在他人心目中形成良好的第一印象，有时甚至会带来意想不到的收获。

以下是来自山东的小王的自我介绍，同学们可以借鉴一下

我是来自山东的王XX，我的内在就像大家所看到的我的外表一样，敦厚和实在是我对自己最好的概括。我不飘，不浮，不躁，不懒。我内心充实，物质享乐和精神刺激都不是我的嗜好。我待人诚实，从没有花言巧语，但真诚和厚道使我总能赢得朋友的信赖。我专业扎实，看书是我最大的享受，钻研电脑让我感觉其乐无穷。我做事踏实，再小的事情我也要一丝不苟地完成。我会修电脑，能管网络，网络经营和网上销售也没问题。重要的是，我有一种执着钻研的精神，一股不弄明白绝不罢休的劲头。我喜欢春雨，春天的雨润物细无声，我希望我能默默无闻地、悄无声息地给我的团队装点一点点绿色。给我一个机会，我会给您一个惊喜。

【活动三】请向大家介绍你熟悉的一件物品

根据活动要求，你可以选择以下内容之一进行说明：

1.你自己拥有的一件物品。

2.你家乡的一种特产。

3.你熟悉的某种商品。

评估：你口头传递信息的能力如何

做下面的练习，自我评估自己口头传递信息的能力。

1.介绍三件事或物品，分别清楚地传达出自我的信息、事物的信息和事件的信息。传达信息过程中要语速适中、语音清晰、信息全面，态势语应运用恰当。

2.请用幽默的语言说说你的父母。

第二节 书面方式传递信息

目标：学会以书面方式传递信息

如何利用书面方式有效地、正确地传达信息，使信息产生积极的社会效益和经济效益，也是每一个职场人士必须掌握的本领。

通过本节的学习，你将能够用一般书面方式（通知、告示、启事、信息快报）呈现整理过的信息。

任务：书面传输不可或缺

在现实生活工作中，口语传输信息生动、快捷，但书面传输准确、清晰、持久。书面传输是人类不可或缺的信息传输的重要手段之一。从古人的刻石记事、鸿雁传书，到今天的人们在职业工作领域运用通知、告示、简报、信息快报等多种书面形式传递信息，书面传输须臾不可或缺。尽管现代通讯越来越发达，越来越便捷，但书面的信息传递永远不会消失，永远是人类交际往来的重要传输方式。

准备：学会书面传递的信息的写作

在职业工作领域，用书面的形式传递整理后的信息有很多种。在初级阶段，我们介绍几种常用的形式：

一、通知、告示

通知和告示是向大家通告有关事项或宣示有关信息。写通知或告示应该尽量避免生硬的语气。通知或告示要醒目，要能引起人们的注意，文本的信息要通俗简单准确，易于接受。

二、启事

启事是为了公开声明某件事或希望公众协助办理某件事而使用的应用文。启事的格式由标题、正文和落款三部分组成。

1. 标题

写明内容名称，如"征文启事""招工启事"等，也可省去"启事"二字，直接写出内容"征文""招工"等。

2. 正文

写明启事的原因、目的、要求等。语言要直截了当，简明扼要。如果希望协助办理某件事时，语气要恳切有礼，如常用"诚聘""请""欢迎社会各界人士合作"等。正文内容复杂的，要注意条理清楚，有的可用数字标出顺序，有的可分条列项加以说明。

3. 落款

写明启事的单位名称或个人的姓名和日期。张贴或印发的重要启事要加盖印章，以示郑重和负责。

三、信息快报

信息快报就是新近发生的典型事实和有关重要信息的报道性文书，常用

"XX简报""XX参考""XX快报""XX情报""XX情况反映"等名称。它是经过整理后的信息用书面进行传递的重要形式,具有准确性、实用性、经济性和及时性的特点。

信息快报一般由报头、报文、报尾三部分组成。

1. 报头

报头占首页的上方,约占一页版面的三分之一。它包括报名、期号、编号、编写单位、印发日期等内容。

2. 报文

信息快报的报文主要由标题、导语、主体、背景材料、结尾组成。

(1)标题。标题可分为正题、副题、引题。信息内容比较简洁的,一般只用正题。

(2)导语。导语是信息简报的第一段或第一句话。它是一则信息中最具有新闻价值的内容概述,用简明、生动的语言把信息中最精粹的部分展示在信息的开端。

(3)主体。主体是紧接导语的主干内容。它用具体、典型的材料对导语的内容进行阐述、补充、深化。

(4)背景材料。有的信息报道需要交代一定的背景材料。它是信息中与事件发生的政治背景、地理环境、历史因素、物质文化条件等相关的一些材料,可以帮助信息接收者理解信息的内容,了解事件发生的原因。背景材料要做到少而精,并且紧扣主题。

(5)结尾。结尾的作用是照应全篇、收束全文。由于重心、结局都在前面有所阐述,也可省略。

3. 报尾

报尾一般由"发送范围""印发份数"两项构成。"发送范围"在左,用"送""发"等词语注明;"印发份数"在右,用"共印XX份"注明。报尾与报文之间用横线隔开,或用两条平行横线将报尾框起来。

信息快报也可以不带报尾,写完报文自然结束。

行动力! **行动：写通知、启事，编简报**

【**活动一**】写一则通知

为了增强文本的影响力和清晰度，可以运用一些文字处理的技巧：对标题字体和重点内容加粗或画重点线；对各要点加上序号和符号；使用文本框，突出部分文体；使用不同字体和字号显示信息。

以"智能人公司"的名义，写一则搬迁启事，传达公司迁移的信息。

在第一行的中间写上标题。注意："启事"不能写成"启示"。

↓

另起一行空两格，正文写明搬迁时间、由哪里搬往哪里、新的联系方式等。

↓

要写清楚通知的内容，即写清楚做什么、由哪些人做、在什么时候做以及在什么地方做。

↓

在正文的右下角落款，写清楚日期。

【**活动二**】请根据自己熟悉的某一种商品的市场情况，撰写一份市场信息快报，要求有报头、报文和报尾。

评估：你的书面信息传输能力如何

1.能够展示以上信息的两份材料。要求材料语言通顺、简洁，信息传达准确、全面，分别符合两种文体的写作格式和要求。

2.下文是一份市场信息快报的报文，先阅读，然后在横线上按要求填写文字。

山东衡远新能源公司锂离子电池项目正式投产

2012年6月16日，山东衡远新能源科技有限公司正式宣布投产磷酸铁锂电池。

衡远公司位于山东邹城，股东为香港凯荣投资公司，总投资2.14亿美元，占地总面积13万平方米，三期建成后将实现年产各类动力电池120万kW·h。此次投产的为一期项目，建成一条电池生产线，产能15万kW·h。接下来，二期项目将新建3条电池生产线，增加产能45万kW·h；三期新建4条电池生产线，增加产能60万kW·h。

据了解，衡远大部分生产设备均由数量很少的工作人员操作，这样更能保证电池一致性，良品率可达到93%，这一数字已与国际先进水平基本接轨。

标题的作用是 _____。

导语开篇简要点明 _____。

正文传达的信息是 _____

_____。

正文的特点是 _____

_____。

第三节　计算机编排版面和电子手段传输信息

目标：学会版式编排，学会使用电子邮件

通过本节的学习和训练，你将能够：

1.在计算机上用规范的方式展示信息（例如，选择合适的字体、字号、标题和数字编号，排列并确定图形和表格的位置）。

2.在计算机上用相应的方法突出重要信息。

3.使用电子邮件传递信息。

任务：用规范的方式展示和传递信息

计算机是神奇的帮手，它不仅实现了信息的便捷处理，而且拓展了丰富多彩的展示信息的手段。它变化万端，几乎可以随心所欲，让我们的信息世界变得五彩缤纷。用计算机传输信息和展示信息也有规范，我们平时所有的书面排版中的规范字体、字号、版式等同样适合在计算机中传输和编排。

学会规范地展示信息的方式，能让你如虎添翼。

现代生活中，用计算机传输信息是不可缺少的。你有没有自己的电子邮箱？会不会灵活使用？

准备：文档编排格式与电子手段传递信息

1.图文混排

图文混排是 Word 最具特色的功能之一。在文档中可以通过"插入"菜单中的命令，方便地插入图片、艺术字、文本框、公式等，或者通过"绘图工具"

绘制出各种图形对象。这些对象和文本可以一起进行混合排版。Word 中的图文处理一般都要在页面视图下进行。

Word 的"剪辑库"中包含了大量的图片，这些都是专业人员设计并制作的图片，可以用来"装扮"文档。如果安装时选择了它，就可以使用这些图片。该库中的图片内容包罗万象，从地图到人物、从建筑到风景名胜，应有尽有。选用图片的操作也非常简单，你只需选择"插入"子菜单中的"图片"命令，进入"图片"子菜单后选择"剪贴画"命令，在"剪辑库"中找到最适合于文档需要的图片后单击该图片，在弹出的面板中单击"插入剪辑"按钮，然后关闭"插入剪贴画"对话框回到文档中，就可以看到刚才选择的剪贴画已经插入到了文档中。

当然，你也可以在你的其他文件中选择你所需要的图片，用"插入"菜单中的命令，插入在你的文字文本之中。

图片的版式指设置图片与文字的位置关系，是实现图文混排的关键。主要有以下几种情形：①四周型环绕；②紧密型环绕；③上下环绕；④穿越环绕；⑤衬于文字下方；⑥浮于文字上方。

2. 突出重要信息

使用项目符号或编号来设置这些项目的格式是使人对列表引起注意的最好方法。单对某一段文字设置项目符号和编号，只需把光标定位在该段落即可；要对若干连续段落设置同样的格式，则需选定段落，然后再设定。

Word 的编号功能是很强大的，可以轻松地设置多种格式的编号以及多级编号等。一般在一些列举条件的地方会采用项目符号来进行。选中段落，单击"格式"工具栏上的"项目符号"按钮，就给它们加上了项目符号。

在这里要注意区别"项目符号"与"插入符号"。插入的符号是可进行选定的，它的格式设置与普通文本的格式设置一样；而项目符号是不可选定的，要改变它的格式必须打开"项目符号"对话框，选择要修改的项目符号，按"自定义"按钮，再进行格式修改。

当然，加粗字体、加大字号，选用适当的字体及用艺术的形式来美化、强调、突出文字等，都是突出主要信息的办法，这些通过计算机都可以实现。

计算机 Word 软件中有块操作、文本编辑、字符排版、段落排版、美化等十分丰富的功能，限于篇幅，这里不详细介绍。掌握这些技巧十分有用，它是你用电子的手段展示信息的基本功，希望你通过阅读相关的书籍或向老师、电脑高手请教等方式来学会它。

3.如何申请电子信箱及收、发电子邮件

电子邮件简单地说就是通过 Internet 邮寄的信件。电子邮件具有成本低、快捷等优点，所以使用过电子邮件的人，多数都不愿意再提起笔来写信了。

电子邮件的英文名字是 E-mail，它的格式形如：username@163.com。符号 @ 是电子邮件地址的专用标识符，它前面的部分是信箱名称，后面的部分是信箱所在的位置，这就好比把信箱 username 放在邮局 163.com 里。

要接发邮件，你必须先拥有一个 E-mail 信箱，通常你的互联网服务提供商会送给你一个信箱。如果没有，你可以去申请一个免费的 E-mail 信箱。

进入你的邮箱服务网址，在"用户名"栏内输入你的用户名，在"密码栏"内输入密码，点击"进入"，就进入了你的信箱，在屏幕左上角有"收邮件""发邮件"。要收信就点"收邮件"，点击主题就可看信的内容；要发信，就点"发邮件"，在"收件人"栏内填入对方电子邮件地址，"抄送""暗送"不用填。在"主题栏"内填入信的主题，在"内容"里填入内容。点击"立即发送"，就发送出去了。

除了发送一般的文本文件，你还可以通过"附件"发送图片、软件、声音乃至视频文件。发送附件前要养成一个好习惯，那就是将所要传送的文件进行压缩、打包，可以使用诸如 WinRAR 之类的压缩软件，这样既可以节省发送时间，又可以节省邮箱空间。

行动力！

行动：用计算机表情达意

【活动一】自己动手制作一张明信片

步骤一：打开 Microsoft Office Word 软件，新建一个空白文档，以一个文件名保存。

步骤二：在菜单中选择页面设置，设置页方向（横向）和纸张大小（可以自定义大小）。

步骤二：插入选好的图片，调整图片大小至覆盖整个页面，右键单击图片，设置图片格式，选择版式为"衬于文字下方"。

步骤四：插入分页符，在新页中插入文本框，并设置位置、边框和颜色。

步骤五：输入相关文字，设置字体和字号以及文字方向。

步骤六：保存文档。

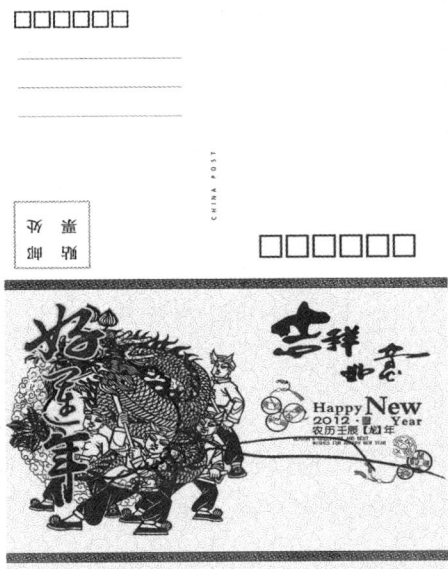

【**活动二**】利用电子邮件发送照片

步骤一：首先准备好需要发送的照片。

步骤二：连接网络，打开浏览器，进入你的邮箱。

步骤三：书写邮件，填写收件人、主题、正文内容。

步骤四：添加附件——你的照片。

步骤五：发送邮件。

评估：你利用计算机展示信息的能力如何

下面的练习可以课下自主进行，也可以在课堂里进行，评估你利用计算机展示信息的基本能力。

1.试试看，将你的手抄报重现在电脑上，再用打印机打印出来。

2.在电脑上设计一张社团活动的海报，突出你所要传达的主要信息，同时增加艺术性以吸引观众。

设计好后进行评比，评出等级，分析成败的原因。

第四节　信息组合展示

能力培训测评标准

在信息处理过程中根据工作任务的不同需要展示组合的信息，其中必须包含至少一个文本、一个图像、一个数据方面的信息。

在展示信息时，能够做到：

1.在各种讲座、会议和讨论等活动中，使用合适的多媒体音像、幻灯和白板等辅助手段。

2.选择使用适合的版面编排来展示组合信息（如文本、图形、图像、表格和电子表格的编排与设置）。

3.用规范的方式展示文本信息（如文本的段落、图像、编排和设置）。

4.根据自己的任务和信息类型（文本、图像、表格）来显示相关的信息（如突出某些信息来强化效果，优化版面编排以适合任务需要）。

5.确保展示的信息清晰和明白（如校对、使用拼音检查、征求他人意见），并妥当保存（如使用适当的文件夹、路径和文件名），以避免丢失。

6.遵守版权和保密规定。

文本、图像、数据构成信息基础，我们通过大量的工作将其收集整理在一起，最终要把它们呈现出来展示给信息的使用者。这种呈现一定要尽可能做到主题鲜明、叙述清晰，要能够借助一些现代的技术平台和手段加强这种呈现的效果。在信息处理"展示信息"的阶段，有四个重要的能力点：

1. 能够用演说的形式最直接地"告诉"受众。

2. 掌握不同类型的展示技巧，并能综合使用。

3. 能够使用多媒体辅助展示。

4. 用计算机编辑加工展示。

本节学习对媒体技术的掌握要求较高，要掌握这些技术主要靠实际操作而不是单纯地啃书本，因此要多动手实践，反复练习。

要点一 用演说传递信息

目标：掌握当众讲话的技巧

现代社会，利用口头发布信息成了我们生活和工作的重要技能。如管理者的竞选或就职演说、工作报告、述职报告，学生干部的竞选演说、论文答辩，开业庆典中的讲话，商品进入市场时的宣传，以及欢迎客人时发表的欢迎词、祝酒词等。演说是现代人的重要能力，它将直接影响你事业的顺逆。

学会用演说的形式交流，你可以参加"与人交流"核心能力模块的培训和一些演讲的专门训练。当众用口语发布信息，要做好并不容易。本节只简要介绍几种常用的技能。通过本节的学习，你将能够：

1. 用多种方式口头传达信息。

2. 掌握会议发言、口头汇报、致辞和讲授的基本知识和技巧。

准备：会议发言等的要领

一、会议如何发言

会议是一种集体处理问题或事务的交流沟通形式。在现实工作中，任何一个人都会出席会议，在会议上讲话，发表意见。在会议上镇定自如、清晰简约地阐述观点，是一种能力，尤其是领导者或管理者更应具备这种能力。

在你进行会议发言之前，请首先弄清楚以下问题：

1. 会议讲话的特点

（1）内容严谨、务实，或侧重于指导（指示），或侧重于汇报，或侧重于表态，或侧重于研讨，都以工作实践的事例作为讲话的依据。

（2）语言朴实明了，不尚浮华藻饰，用口头语体中的独白体，兼具书面语体的某些特征。

2. 会议讲话的要求

会议讲话，能综合反映一个人的思想理论水平、知识水平和语言文字水平。需做到以下几点：

（1）主旨明确，条理清楚。首先，必须主旨明确，切合会议主题；其次，要条理清楚，中心突出。

（2）内容切实，言之有据。"实干兴邦，空谈误国"已成为举国上下的共识。因此，会议讲话要"切实"，符合实际情况，讲实事，说实话，提实招，求实效。不随心所欲，不乱放空炮。提出的观点必须言之有据。

（3）语言朴实，简洁周密。会议讲话要求用生动、简短平易的口头语体来表述，切忌套话、空话。讲话开头对背景的讲述，不要限于如"在……指导下，在……领导下，在……配合下"之类的套话；要去掉溢美不实之词，注意把握分寸，正确运用诸如"关键""全面""重点""首要""很好""极大""较差""大多数""少数""个别""左右""大部分"这些表示事物的程度、数量的词语。

要用适当的手段强调自己的重要观点。要注意控制时间，在有限的时间内表达完整自己需要阐述的内容。

二、如何口头汇报工作，传递信息

汇报是下级向上级或者上级向群体报告工作的一种信息传达形式。口头汇报工作、传达整理的信息，是工作中常常需要运用的技能。专题性的口头汇报一般分为工作汇报和调研情况汇报两种。口头汇报时需注意以下几点：

1. 目的明确，拟订提纲

汇报前，汇报者和听取汇报者一般会确定主题和时间、地点。主题非常明显，汇报的目的非常明确；因此，汇报时只能围绕主题做准备，起草好提纲，准备相关的资料。

2. 切合主题，突出重点

口头汇报时，只能围绕主题展开，不能跑题偏题。汇报的时间一般有限，要突出重点，要言不烦，给听者留下深刻的印象。汇报工作时，要抓住要害，突出要点。

3. 内容恰当，语言得体

汇报的内容要注意恰当。总结工作时要实事求是，既总结成绩，也提出问题和分析困难；分析问题要辩证，观点要鲜明，事实要清楚。切忌说大话、空话，切忌讲假话。

汇报时要不卑不亢，语言得体。口头汇报是当面进行的信息交流，汇报时要使用口语体交流，切忌照稿宣读。

4. 控制时间，获取反馈

汇报者使用的时间一般要控制在约定时间总量的一半左右，要留出一定的时间给听取汇报的上级点评，做指示，获得指引。工作汇报一般要解决一定的问题，更需要获得上级听取汇报后的信息反馈，以便做好下一步的工作。

行动力！

行动：练练你的口头表达

【活动一】用演说传递信息

为了收集公司大多数员工对高级工作服置办的意见、建议，公司决定让小王在公司中层以上员工会议上，就收集到的市场服装品牌信息和拟邀请竞标的生产厂家信息，做专门的口头汇报。假如你是小王，你该怎么办？

提示：

（1）发言前要做好周密细致的准备，内容集中，问题明确，思路清晰，方案具体，准备好相关的信息资料，包括品牌的样品、图片等。

（2）不妨先写一个发言提纲，发言时按提纲讲；或者先打好腹稿，只有胸有成竹，才能侃侃而谈。

（3）发言时做到自然大方、从容镇定。

【活动二】模拟某公司开业典礼，你受邀致辞

提示：

（1）致辞内容应包括标题、称谓和正文等。标题可直接说"贺词"或"给XX公司开业的贺词"等。称谓要具体、准确。正文一般分开头、主体、结尾三部分：开头应简略地说明祝贺的原因，并说出贺语；主体部分应充分肯定、赞扬对方，阐发祝贺事由及事情的积极意义；结尾提出希望，并预祝将来取得更大的进步与成功。

（2）致辞时要求做到：情感真挚热烈，不矫揉造作；主题鲜明突出，但篇幅不能过长；语言简洁明快，层次感强。

（3）你可以先把致辞写出来，熟练时可以脱稿从容地讲，不熟练时可以照稿讲。多练多讲，熟能生巧，到一定时候，你也可以出口成章，应对自如。

评估：你能侃侃而谈吗？

1. 课堂评估

在课堂上分组模拟项目方案介绍的演说，相互点评，推选最佳演讲者在全班示范。

2. 完成下列任务，评估自己以口语形式传达信息的能力

（1）面对大家，谈谈交通事故日益增多的原因。

（2）以"网络多奇妙"为题，谈谈网络的出现、发展给我们生活带来的变化。

要点二　用文字与图表展示信息

目标：学会图文并茂地传递信息

有人从实验中发现，人们从文字上获得的信息量为13%，从影视上获得

的信息量为 23%，而从图片上获得的信息量可达 52%。人们从图形、图像上获得信息快捷，而且不受读者文化程度及语言差异的影响，特别适应当今社会生活、工作快节奏的需要。

用文字和图表等多种形式来传达信息，可达到丰富、生动、简捷的效果。

通过本节的学习和训练，你将能够掌握文、图、表等多种形式传达信息的基本方法，使用文、图、表等多种形式传达信息。

【活动三】用表格重新呈现下列文字信息

由于天气突然降温，山东市场蔬菜价格出现上涨。八里桥农批市场信息中心价格监测显示，目前蔬菜总平均价 1.58 元 / 斤，比降温前上涨了 11%，主要是叶菜类上涨，叶菜平均价 0.78 元 / 斤，同比上涨 50%。

叶菜类涨幅较大的主要原因是，河东地区突然降温，受寒流影响，叶菜生长受阻，市场供应量不足。其中菜价涨幅较大的有：菜心 1.2 元 / 斤，芥蓝 1.5 元 / 斤，小白菜 0.8 元 / 斤，上海青 0.8 元 / 斤，西洋菜 0.7 元 / 斤，麦菜 0.8 元 / 斤，芥菜 0.7 元 / 斤，分别涨了 0.6 元、0.7 元、0.3 元、0.4 元、0.3 元、0.3 元、0.3 元。瓜豆类、食用菌类价格尚未受这次寒流的影响，基本平稳。

表 4-4-1　　　　　　　　八里桥农批市场菜价变动表

菜名	价格	涨幅

要点三　用多媒体手段辅助信息传达

目标：学会使用多媒体

现代社会信息传达的媒介越来越丰富，技术越来越发达。人们常常同时用文字、图形、图像、声音、动画、活动影像等多种媒体来传播信息，不仅越来越方便，效果也越来越好。

在教学、演讲、产品宣传等职业活动中，运用多媒体手段辅助信息的传达，能产生形象、生动、丰富、互动等效果。

通过本节的学习和训练，你将能够：

1.了解多媒体的含义、特点和作用。

2.学会运用多媒体手段辅助传达信息。

任务：君子善假于物

下面这个案例说明了什么？

刘芳华是色彩公司的形象顾问，为白领女性进行个人形象设计，包括服饰搭配、日常化妆、色彩选择等。开始时，她经常通过否定顾客原来的形象来提供建议，顾客不太愿意承认自己没有品位，因而她的建议不太容易被顾客采纳。后来，刘芳华的先生给她出了个主意，让她运用多媒体手段，通过与顾客自身条件基本一致的电脑模特来向顾客提供改变自我形象的展示。刘芳华一试，果然奏效。这种形象直观、快捷方便的手段帮助了刘芳华，使她成了顾客离不开的知心朋友。

准备：熟悉多媒体的特点，掌握其用法

一、多媒体的含义、特点和作用

1.含义

多媒体又称为交互媒体或超媒体，指能同时对文字、图形、图像、声音、动画、活动影像等多种媒体进行编辑、存储、播放，并能同时对它们进行综合处理的多功能技术。

2. 特点

一般是以电脑为一个综合中心，利用文字、图形、影像、动画、声音等不同的媒体信息，在不同的界面上组合及流通，使得此媒体信息可以在电脑上存取、转换、编辑、同步化等，以达到电脑与使用者的双向交互式、多样化操作环境。

3. 作用

形式生动活泼，交互手段丰富，多媒体资料存储在光盘等介质上便于携带，只要有电脑就可以播放，方便快捷。

二、扫描仪、录像机、投影仪的使用方法

1. 扫描仪的使用

扫描仪可收集供多媒体使用的文字、图形。具体操作可参看扫描仪的使用说明。

2. 录像机的使用

目前，录像机按用途主要分为三种：家用录像机、专业用录像机和广播级录像机。

家用录像机运用较为广泛，家庭 DV 拍摄出的影像也可以作为多媒体运用的材料。仔细阅读随机附带的产品说明书即可掌握其用法，可注重了解录像机的图像输入计算机的方法。

3. 投影仪的使用

投影仪是新兴的计算机显示设备。常见的投影仪使用方式有三种：会议室固定使用、室内天花板吊装使用和外出便携式使用。这三种不同的方式在机器使用与维护上各有特点，使用前仔细阅读使用说明书，可帮助你正确有效地使用。

三、多媒体辅助手段传达信息的基本步骤

1. 根据传达信息的目的确定用多媒体辅助的内容

在我们的"金马鞍"项目中，如果为了征求员工们对高级工作服选择的

意见，传达信息的内容应该是展示服装的式样，应给公司的员工传达几种品牌的式样、色彩和质感等方面的信息。

2. 根据表达的内容确定制作多媒体的具体方法

制作多媒体资料可以使用 PowerPoint、Authorware、AutoCAD 等软件来实施，具体的制作步骤需要专门的学习。你可参看相关的教材，或进入相关的网站学习。这里只介绍功能的要求：

（1）多种功能的发挥。在使用 Authorware 软件制作多媒体资料时，可以突出该软件的以下特点：①交互作用能力。为了适应员工查询的需要，在多媒体资料中，使用按钮方式、热区方式、热目标方式等多种交互作用响应类型。②多样化的文字处理能力。根据说明的内容，利用软件中的文字处理工具，使组织版面更容易。③较好的图像处理功能。Authorware 既能较好地进行各项图像的处理，还支持多种音频、视频和数字电影文件，可以将背景音乐、录制的声音文件与动画有机地结合在一起，使设计的画面具有真实的效果。

具体来说，多媒体光盘技术资料，采用模块化设计方法，整个应用程序除了片头、片尾，可按不同需要分成各个子模块，各个子模块单独设计。应用程序的框架建好后，重点是收集相关资料，准备相关素材。图片资料的准备比较容易，利用一些需要的产品照片和其他有关图片，通过扫描仪扫描到计算机里，再利用 Photoshop 图片处理软件逐张处理就行了。

（2）高难技巧的设计。三维模型设计和动画场景的制作难度较大。比如介绍服装时，可以使用动画场景，采用较高难度设计，可以直接完成三维模型设计。

当然，你也可根据自己的能力和你所制作的多媒体的内容选择适合你的制作软件，如 PowerPoint。这种软件比 Authorware 操作起来更容易，只是制作的画面没有 Authorware 生动。

行动力！ **行动：** 分析案例，动手制作

【活动四】请你运用多媒体辅助手段，面向中国市场为佳能数码相机做一个产品宣传片

步骤一：确定产品宣传书的内容及其制作多媒体的要求。

1. 公司简介

公司的概况、现状和发展，以产品类型为主线分别介绍佳能数码相机、录像机、复印机等产品的品种。形式上以活动图片为主要画面并配以背景音乐和解说词。

2. 数码相机简介

根据佳能公司数码相机产品的结构和市场的需求，重点介绍佳能数码相机的品种、特点、技术优势及其适用人群。采用用户交互的方式，以图片和解说等方式比较生动地介绍产品的技术性能和典型用户，帮助用户便捷地找到需要的信息。也可重点介绍一款最新的数码相机，简要介绍其性能和品牌优势，以吸引消费者。

步骤二：资料准备。

1. 登陆佳能（中国）有限公司的网站 http：//www.canon.com.cn/，点击主页上的"关于佳能"，然后点击"关于佳能"之下的"佳能公司"，接着点击"佳能公司"之下的"集团介绍""发展历程""领先技术"。根据所看到的资料，整合出"佳能公司简介"部分。

2. 回到主页，点击"产品与服务"，接着点击"产品目录"找到"数码相机"一栏。根据所看到的资料，整合出"佳能数码相机简介"部分。同时，点击"产品与服务"，接着点击"新品推荐"，在该页面的"快速查询"栏里输入"数码相机"，点击"查询"，显示出佳能最新型号的数码相机的相关资料，点击"任意一款数码相机型号"，点击"产品资料下载"。根据这些资料整合出重点介绍的内容。

步骤三：制作多媒体。

1. 选择多媒体应用软件的开发工具，如 Authorware 或 PowerPoint 软件。你可任选其一，学习其使用方法，具体制作方法请参考相关的教程，也可从网站下载相关的学习教程。

2. 具体制作方法与步骤。根据步骤一中需要展示的材料，运用多媒体制作软件完成光盘的制作。

步骤四：播放多媒体光盘，宣讲多媒体材料。组织一次产品宣讲会，推介佳能数码相机的产品。在你宣讲的过程中可运用投影仪，将多媒体材料更清晰地传递给客户。如果是单独地宣讲资料多媒体片，可以单独播放演示。

【活动五】学校每年都要组织班级文化月活动，请你用多媒体展现一下本班的班风和同学们良好的精神面貌。

提示：

选择三个方案，搜集同学们平时的活动记录，特别是获得的奖励和相关的多媒体资料，运用上面提到的多媒体软件制作宣传片。

评估：你学会制作多媒体演示文件了吗

继续完成下列任务，评估自己制作和使用多媒体的能力。

运用 PowerPoint 做一张生日贺卡。如果能顺利做好，再用 PowerPoint 做你工作中所要用的其他宣传资料。

要点四 利用网络新技术传递信息

目标：利用网络多种方法传递信息

随着科技的发展，越来越多的新手段被采用，QQ、MSN、博客、维客等都是近些年新兴的信息交流和传播展示的有效工具。时刻关注新的技术手段的宣传推广并充分掌握，是信息处理的重要工作。

通过本节的学习和训练，你将学会利用 QQ、MSN、博客、维客等方式来传递信息。

任务：利用 QQ、博客、维客方式传递信息

利用 QQ、博客等来联络和传播信息，不仅时尚，而且方便快捷。网络新技术已经成为一种当代人学习并广泛使用的传达信息方式、表情达意的现代手段。

1. 如何使用 QQ

腾讯 QQ 是腾讯计算机系统有限公司开发的一款基于 Internet 的即时通信（IM）软件。QQ 支持在线聊天、视频电话、点对点断点续传文件、共享文件、网络硬盘、自定义面板、QQ 邮箱等多种功能，并可与移动通信终端等多种通信方式相连。可以让你方便、实用、高效地和朋友联系，而这一切都是免费的。若要增加语音、视频聊天功能，只需配置声卡、音箱、话筒、摄像头等多媒体设备即可。

（1）发送和接收文件。你可以向好友传递任何格式的文件，例如图片、文档、歌曲等。QQ 支持断点续传，传送大文件也不用担心中途中断。

（2）建立共享文件夹。共享文件夹建立了一个 QQ 好友间进行文件交换的平台，既可将自己的文件共享给好友，也可以下载 QQ 好友共享的文件，从而实现双方文件的适时交换。可以建立自己的共享文件，其中有"常规""身份限制""禁止访问"三个功能选项。

（3）视频聊天。你可以对好友头像点击鼠标右键，在弹出菜单中选择"视频电话"，进行视频聊天，也可以在聊天窗口工具栏中点击"视频"，请求视频聊天。对方收到请求并接受后就可以"面对面"地交流了。

（4）进行音频聊天。如果你只想进行音频聊天，可以对好友头像点击鼠标左键，在弹出菜单中选择"音频聊天"。对方收到请求并接受后即可进行语音聊天了。点击麦克风和喇叭的图标即可选择是否关闭麦克风和音量。

（5）给好友播放影音文件。在聊天窗口工具栏"视频"按钮的下拉菜单中，选择"给对方播放影音文件"给好友放录像，待对方收到请求并接受后开始播放。

（6）给好友放歌。在视频聊天窗口下的功能按钮中选择"音乐"符号即可。

（7）使用 QQ 网络硬盘。提供文件的存储、访问、共享、备份等在线存储服务。任何文件、文件夹都可以便捷地拖拉上传，使用方便，易于管理。

2. 如何使用博客

Blog 是继 E-mail、BBS、ICQ 之后出现的第四种网络交流方式。Blog 是 weblog 的缩写，中文是"网络日志"，而博客（Blogger）则是写 Blog 的人。具体说来，博客可以解释为使用特定的软件，在网络上出版、发表和张贴个人文章的人。由于 Blog 的沟通方式比电子邮件、讨论群组更简单和容易，因而它已成为家庭、公司、部门和团队之间越来越盛行的沟通工具。

一个 Blog 就是一个网页，它通常是由简短且经常更新的 Post 构成。这些张贴的文章都按照年份和日期排列。不同 Blog 上的内容和目的有很大的差别，从有关公司、部门等的新闻，到日记随笔、诗歌、散文、照片，甚至科幻小说以及与其他网站的超级链接和对其的评论等，形形色色，都是网络可适时传递的信息。它大致可以分成两种形态：一种是个人创作；另一种是将个人认为有趣的有价值的内容推荐给读者。

申请成为博客很容易，在新浪、搜狐等网站上都可以办理，按网上相关的指引能很快建立一个博客网页。具体操作步骤如下：

步骤一：接通网络连接。

步骤二：打开浏览器，选择进入新浪博客网站（网址为 http：//blog.sina.com.cn/）。

步骤三：选择注册并点击进入。

步骤四：按要求填写，确认，即可免费开通自己的博客。

3. 怎样成为维客

维客，也译为"维基"，来源于夏威夷语的"wee kee wee kee"，原意为"快点快点"。它其实是一种新技术、一种超文本系统。这种超文本系统支持面向社群的协作式写作，同时也包括一组支持这种写作的辅助工具。也就是说，这是多人协作的写作工具。参与创作的人，被称为维客。

在维客页面上，每个人都可浏览、创建、更改文本，系统可以对不同版本的内容进行有效控制管理，所有的修改记录都保存下来，不但可事后查验，也能追踪、回复至本来面目。这也就意味着每个人都可以方便地对共同的主题进行写作、修改、扩展或者探讨。同一维客网站的写作者自然构成了一个社群，维客系统为这个社群提供简单的交流工具。

目前，维客技术主要的应用方式包括：基十同一主题的共享协作式创作、资源共建、学术课题的协作研究、传统会议拓展等。从一般意义上来看，维客技术打破了网络上某些人垄断信息发布、更新与维护工作的局面，进一步体现了信息自由共享的思想。同时，它也为个人的信息与知识更新提供了一种方便的途径。与博客相比，维客更强调多人协作。对于新闻传播来说，维客未来将产生的冲击可能不亚于博客。

有关维客的详细说明可以参见相关的介绍文章。

要成为维客也比较简单，按如下步骤操作就可以了。

步骤一：接通网络连接。

步骤二：打开浏览器，选择进入中国维基百科网站（网址为 http: zh.wipedia.org/ 或 http：//www.hoodong.com/）。

步骤三：选择并进入相关条目。

步骤四：输入、编辑你的内容，当然也可以进行相应的设置，保存并发布。

行动：试试网传信息

【活动六】用 QQ 来传递视频文件

步骤一：打开网络连接。

步骤二：启动腾讯 QQ，登陆。

步骤三：选择网络硬盘，打开你的文件目录。

步骤四：选择上传文件，打开你的文件，确定。

【活动七】继续第三节的班级文化展，并建立自己的博客为班级做宣传

在这个项目中，你可以建立自己的博客，利用它对自己的班级进行宣传，并与同班同学和老师进行互动。

评估：你能在网上"秀"了吗

继续完成下列任务，评估一下自己利用网络传递信息的能力。

1.找一首你最喜欢的歌，用 QQ 在线播放给你的好友听。

2.登录一个博客网站，如新浪博客（http：//blog.sina.com.cn），阅读相关内容，体验博客的魅力，写下自己的感受。

3.注册一个微博账号，体会它的快捷以及与博客的区别。

[补充阅读]

什么是微博

国内知名新媒体领域研究学者陈永东在国内率先给出了微博的定义：微博是一种通过关注机制分享简短实时信息的广播式的社交网络平台。其中有五方面的理解：

1.关注机制：可单向可双向。

2.简短内容：通常不超过140字。

3.实时信息：最新实时信息。

4.广播式：公开的信息，谁都可以浏览。

5.社交网络平台：把微博归为社交网络。

微博提供了这样一个平台：你既可以作为观众，在微博上浏览你感兴趣的信息；也可以作为发布者，在微博上发布内容供别人浏览。发布的内容一般较短，有140个字的限制，微博由此得名。当然了，也可以发布图片，分享视频等。微博最大的特点是：发布信息快速，信息传播的速度快。例如你有200万听众，你发布的信息会在瞬间传播给200万人。

微博有两个特点：

第一，相对于强调版面布置的博客来说，微博的内容组成只是由简单的只言片语组成。从这个角度来说，对用户的技术要求门槛很低，而且在语言的编排组织上没有博客那么高。

第二，微博开通的多种API使得大量的用户可以通过手机、网络等方式即时更新自己的个人信息。

第二部分
问题解决能力训练

第五单元　分析问题　提出对策

　　心理学家们认为，问题解决（problem solving）是由一定的情境引起的，按照一定的目标，应用各种认知活动、技能等，经过一系列的思维操作，使问题得以解决的过程。例如，证明几何题就是一个典型的问题解决的过程。几何题中的已知条件和求证结果构成了问题解决的情境。如果要证明结果，就必须应用已知的条件进行一系列的认知操作。操作成功，问题得以解决。提出问题是解决问题的先决条件，但仅仅满足有问题提出是不够的，提出问题的目的是为了有效地解决问题。人生就是一个解决一系列问题的过程。

　　1.发现问题

　　我们生活的世界时时处处都存在着各种各样的矛盾，当某些矛盾反映到意识中时，个体才发现它是个问题，并要求设法解决它。这就是发现问题的阶段。从问题解决的阶段性看，这是第一阶段，是解决问题的前提。发现问题不论对学习、生活、创造发明都十分重要，是思维积极主动性的表现。

　　2.分析问题

　　要解决所发现的问题，必须明确问题的性质，也就是弄清有哪些矛盾、矛盾有哪些方面、它们之间有什么关系，以确定所要解决的问题要达到什么结果、所必须具备的条件、其间的关系和已具有哪些条件，从而找出重要矛盾、关键矛盾之所在。

　　3.提出假设

　　在分析问题的基础上，提出解决该问题的假设，即可采用的解决方案，其中包括采取什么原则和具体的途径、方法。所有这些往往不是简单现成的，而是有多种多样可能的。提出假设是问题解决的关键阶段，正确的假设引导问题顺利得到解决，不正确、不恰当的假设则使问题的解决走弯路或导向歧途。

4. 检验假设

假设只是提出一种可能的解决方案，还不能保证问题必定能获得解决，所以问题解决的最后一步是对假设进行检验。通常有两种检验方法：一是通过实践检验，即按假定方案实施，如果成功就证明假设正确，同时问题也得到解决；二是通过心智活动进行推理，即在思维中按假设进行推论，如果能合乎逻辑地论证预期成果，就算问题初步解决。特别是在假设方案还不能立即实施时，必须采用后一种检验方法。必须指出的是，即使后一种检验证明假设正确，问题的真正解决仍有待实践结果予以证实。不论哪种检验，如果未能获得预期结果，必须重新另提假设再行检验，直至获得正确结果，问题才算解决。

具体来说，影响问题解决的因素有：

1. 已掌握的知识

问题解决的任何一个阶段都涉及有关知识，没有相应的知识不仅难以发现问题，而且缺乏分析问题的基础和提出假设所必需的依据，即使检验假设也必须具有相应的知识。知识对解决问题的影响，还涉及在必要时是否能及时忆起已有的有关知识，并恰当地加以综合应用。在这方面，为了提高学生解决问题的能力，在教学中必须传授给他们正确、丰富的知识，指导他们有计划地复习知识，牢固地把握它，并且能灵活地加以运用。

2. 心智技能水平

心智技能是影响问题解决的重要因素，因为解决问题主要是通过思维进行的，心智技能正是思维能力在解决问题中所表现的技能。为此，在教学中不能只重视知识的灌输，还必须同时促进心智技能的发展。

3. 动机和情绪

它们在问题解决中有积极和消极两方面的影响。恰当的学习动机和求知欲，不仅对发现问题有极重要的作用，而且对深入分析问题、探索各种假设和反复检验，都是重要的内部动力。但只有中等强度的动机和平静的心境状态，才有利于问题的解决。动机和情绪的强度不够，则缺乏动力；过于强烈则会干扰思维而影响问题解决。因此，教师必须重视培养学生的求知欲及其正确的学习动机，同时要训练学生经常带着愉快平静的情绪进行学习和解决问题。

4. 刺激呈现的模式

每一问题中所包含的事件和物体（不论是实物或是以词语陈述的），当它们呈现在问题解决者面前时，总要涉及特定的空间位置、距离、时间的先后（或同时）顺序，以及它们当时所表现的特定功能，所有这些具体特点及其间关系就构成了特定的刺激模式。如果刺激模式直接提供了适合于问题解决的线索，就便于找出解决的方向、途径与方法；如果刺激模式掩蔽或干扰了解题线索，就会使解题增加困难，甚至把它导向歧途。因此，教师在教学过程中要十分注意对刺激物的组织处理（如教具安排等），要经常训练学生从多种角度观察同一事物，以揭露和认识这一事物在不同情境中可能具有的多种功能。

5. 思维定式

所谓思维定式指连续解决一系列同类型课题所产生的定型化思路。这种思路对同类的后继课题的解决是有利的；如果后继课题虽可用前法解决，但也可以采用更合理更简易的步骤时，思维定式就成为障碍，而影响解题的速度与合理化。因此，平时既要注重训练学生思维的定向性又要训练其思维的灵活性。

6. 个性特点

独立性、自信心、坚韧性、精密性、敏捷性、灵活性以及兴趣等个人特点，均对解决问题的效率产生一定的影响。教师应经常关心和发挥学生有利于问题解决的个性特点，纠正其不利的个性特点。

问题解决的特点如下：

1. 问题情境性

问题总是由问题情境引起的。问题情境就是在生活中出现在我们面前，使我们感到困惑又不能利用经验直接解决的情况。正是这种情境性才促使我们开动脑筋思考，并采取相应的策略去改变这种困境。问题解决的过程就是问题情境消失的过程。当一个问题解决之后再遇到同类情境时就不会再感到困惑。

2. 目标指向性

问题解决是有明确目标指向的。问题解决的过程就是寻找和达到目标的过程。问题解决的过程可以通过直觉与猜测，也可以通过分析与推理，还可以通过联想与想象，但无论通过哪一种途径都必须受到目标的指引。

3. 操作序列性

问题解决包含一系列心理操作，这种操作是成序列、有系统的。序列出现错误，问题就无法解决。当然采用不同的方法和途径解决同一问题时，会呈现出不同的序列。选择一种解决问题的方法和途径，实际上就是选择了一种序列和系统。

4. 认知操作性

问题解决的活动至少要有认知成分的参与，它的活动依赖于一系列的认知操作来进行。解决问题当然有情感的伴随，也常常需要付诸行动，但是不可缺少的是认知操作。认知操作是解决问题的最基本成分。

能力培训测评标准

问题发生的时候，能够在与人合作的条件下，对于一个简单的问题，用几种常用方法提出解决问题的基本思路或对策。

在提出解决问题的基本思路时，能够做到：

1. 准确理解与问题有关的各种因素。（例如，发生了什么事，已知什么情况和需要找到哪些信息，这个问题对整体工作会有什么影响等）

2. 掌握解决问题的目标，并能说明目标实现后的状态是什么。（例如，在工作中的问题被解决后，能说明客户为什么会感到满意）

3. 采取不同的方式来跟踪事态发展。（例如，关注事态向不同方面发展的情况，询问他人解决类似问题的过程）

4.指出自己所能做的事情有什么条件限制。（例如，所能用的资源、安全卫生的规定以及事态可能恶化的程度）

5.选定解决问题的最佳方式。（例如，选择可能利用的时间和资源、可能从他人那里得到的最大支持）

我们将这五个能力点概括成"分析问题，提出对策"，分三节进行训练：

第一节 "理解问题，确立目标"，主要训练在对问题进行描述与理解的基础上，明确要解决的问题的目标到底是什么。

第二节 "跟踪问题，分析条件"，主要训练进一步跟踪问题发生的趋向，并分析能够采用的解决问题的方法和所受到的条件限制。

第三节 "提出对策，选择方案"，主要训练在解决问题时从可能会有的各种方案中，怎样选择最佳方案。

这一单元在整个"解决问题能力"模块训练中占有重要地位。没有对问题的正确"分析"，就不可能形成问题解决的"对策"，也不可能做出解决问题的"计划"或者是"行动步骤"，也就无从"检验"或"改进"解决问题的方法。

需要说明的是，这里所说的"问题"主要是指事物的"状态""意外地"发生了变化。状态意外地改变了，问题自然就产生了。一种事物状态的改变肯定是有原因的，这个原因经过分析也许能找到，也许一时找不到。如果能够找到"状态"改变的"原因"，"问题"就比较容易得到解决；如果一时找不到"状态"改变的"原因"，或者仅找到表面的"原因"，而没有找到促使事物"状态改变"的"根本原因"，那么"问题"仍然是解决不了的。

核心能力的训练强调的是实操能力的训练，因此在解决问题能力的训练中就要侧重提高"对促使事物状态改变的根本原因"的分析思维能力。解决问题过程中的"活动"更多的是思维活动，而并非是"肢体活动"或者是"语言活动"，这是解决问题模块与其他核心能力模块的不同点。因而，本部分实施的训练，更多的是思维训练而非肢体训练。

执着追求和不断的分析，是走向成功的双翼。不执着，容易半途而废；不分析，容易一条道走到天黑。

发现问题应注意以下几点：

1. 明确发现问题的重要性。

2. 初步掌握发现问题的一般方法。

3. 能通过各种渠道收集与所发现问题相关的各种信息并进行处理。

【案例】大货车发生交通事故的分析

（1）随意停车，随意变换车道；

（2）大货车失控；

（3）超载；

（4）刹车片炭化，刹车失灵；

（5）下坡太长，高速滑行，刹车控制车速；

（6）冷却水箱缺水。

分析：导致事故的根本原因：（1）下坡太长，长达13千米（存在设计缺陷，没有通过技术实验发现问题）；（2）大货车严重超载（不仅需要交通管理部门治理，更需要运输行业内部规范）。

爱因斯坦曾说过："提出一个问题比解决一个问题更重要。"在技术世界里如果不能发现问题，设计就不会完善，技术就不能革新。

思考：如果我们人类不能发现问题，我们现在的生活会是怎样的景象？

问题的来源：在生活中，我们所不知而需要解答的问题。

产生问题的三种情况：

（1）人类生存活动中必然会遇到的问题。如为了解决进食问题，人类设计了刀叉、筷子。

（2）别人给出的问题。在企业进行设计工作时，问题的来源大都属于这种情况。如，当汽车的速度超过200km\h时空气阻力问题越来越明显，为了减缓空气阻力，人类设计了外观呈流线型的汽车。

（3）基于一定的目的由设计者自己主动发现问题。这需要我们积极主动地思考，并独具慧眼去发现。

发现问题的途径和方法：

（1）观察日常生活。（对生活中的人或物的偶然一瞥都可能发现一个问题）

（2）收集和分析信息。收集信息有文献法、问卷法、询问法等途径。

第一节　理解问题　确立目标

目标：掌握描述问题的方法

当你遇到一个问题的时候，首先要掌握描述问题的方法，并确立问题解决后要达到什么样的目标状态。

1. 在发生问题的时候，准确理解问题，并能正确描述问题。

2. 明确自己要解决的问题到底是什么，希望达到的结果是什么。

任务：用文字描述面临的问题

当你遇到一个问题的时候，首先要思考如何把问题准确、清晰地描述出来。清晰地描述问题是解决问题的第一步。只有把问题描述清晰了，你才会知道到底发生了什么问题，然后才能寻找解决问题的方法。如果连问题本身是什么都不清楚，那么解决问题就会失去方向。

【案例】某企业从1987年开始推行目标管理政策。为了提高企业管理的经济效益，企业充分发挥各职能部门人员的积极性，并对各职能部门实施目标激励。经过一段时间的试点，取得了明显的成绩和效果。通过实施目标的管理，挖掘了企业各部门内在的潜力，增强了企业的应变能力，提高了企业的整体素质，企业的经济效益也有了明显的增长。

具体来说：

第一阶段：企业制定目标管理政策阶段

1. 总体目标管理政策的制定

该企业通过对国内外市场的调查，结合企业的市场需求，本着长远提高企业效益的目标，制定了科学的目标规划和实施办法；根据企业的具体生产能力，提出了近几年实现"三提高""三突破"的总方针。"三提高"就是提高经济效益、提高管理水平、提高竞争能力；"三突破"是指新产品数目突破、创汇突破、增收节支方面要有较大的突破。

2. 各部门落实措施的制定

企业总目标宣布后，各部门对总目标进行层层分解，层层落实。各部门的分目标由各部门和厂企管理委员会共同商定。先定生产项目，再制定各项目标的指标标准，根据各部门的目标规划任务，加以监督、协调、支持。

3. 管理目标的进一步分解和落实

各部门的目标确定后，接下来的工作就是目标的进一步划分，层层分解落实到每个人身上。

第二阶段：目标规划实施阶段

1. 各部门和生产部门自我检查，自我控制和自我管理

目标管理规划经厂长批准后，一份存企业管理委员会，一份由制定单位自存。由于每个部门、每个人都有了具体的、定量的明确目标，所以在目标实施过程中，人们都会自觉地、努力地实施这些目标，并对照目标进行自我检查、自我控制和自我管理。

2. 管理部门加强经济目标考核

加强落实经济责任制，对目标实施过程中与原有目标之间的偏差进行分析，打破原有的考核制度，建立新的目标考核制度，一个循环期考核一次，评定一次，坚持一季度考核一次和年底总评定的原则。这种加强经济考核的做法进一步调动了广大职工的积极性，有利于促进经济责任制的落实。

3. 不断收集有利于管理、提高经济效益的信息，重视信息反馈工作

为了随时了解目标实施过程中的动态，以便采取措施及时协调，使目标能顺利实现，该厂十分重视目标实施过程中的信息和反馈工作，并采用了多种信息反馈方法。

准备：描述问题的要求和技巧

一、准确地描述问题要具备的能力

要准确地描述在生活和工作中遇到的各种问题，确保自己和别人都能明确"真正的问题之所在"，并不是一件轻而易举的事情。它需要具备：

1. 冷静的心理素质

当一个问题发生之后，首先要做的事情就是沉着冷静，不要慌乱。慌乱是采取正确行动的大敌。

沉着冷静会给自己赢得思考的时间，留有想象的余地，进而能使麻烦的危害性降低，甚至变害为利。否则，遇到麻烦就慌慌张张、六神无主、手足无措，就会把原本简单的事情搞复杂，导致出现你不希望的结果。

2. 语言的概括表达能力

语言概括能力是一种从大量纷杂的现象中抓住事物本质的能力，它是一种抽象思维能力。有些人说话啰唆，不着边际，反映出的是思维的混乱。

语言表达能力是表情达意的信息传递能力。当你想把自己的意思表达给对方的时候，需要选用适当的词汇、语句和语体去表达，还要考虑适应当场的语境（时间、场合、人物、情景），适情应景地传达自己的信息。

二、描述问题的基本要求

1. 准确。你所描述的问题要能抓住"问题真正之所在"。

2. 清晰。清晰就是把你要表达的意思完整、清楚地表达出来，以便于别人理解。

3. 简明扼要。简明扼要是指在清晰的基础上，要注意语言的简练。也就是说，必须在把问题说清楚、说明白的基础上再考虑简练的问题。

三、问题描述的角度

一般来说，描述一个问题要从以下角度来进行：

1. 人物。谁遇到了问题？描述的时候要有主体。

2.时间。这个问题是在什么时候发生的？时间线索很重要，不能忽略。

3.地点。问题发生在什么地方？问题发生总有特定的空间地点，描述问题的时候一定要把问题发生的具体地点讲清楚。

4.事件。到底遇到了什么问题？这是问题描述中最核心的部分。对事件把握得是否准确，会直接影响问题解决的方向、速度等。

5.程度。要根据问题的严重程度与轻重缓急，决定什么时间解决这个问题。

四、问题解决后的状态

问题解决后的状态，就是你要达到的最终目标。

行动力！ 行动：学会描述问题

【活动一】描述小饭店遇到的问题

小饭店生意冷清

某学校旁边有一个小饭店，其位置是大多数年轻人和学生早上需要经过的地方，具有明显的地理位置优势，老板也很注意卫生和服务态度，小饭店也刚装修过。老板是四川人，最拿手的是川菜。该地区大多数都是单身年轻人，住在集体宿舍，早饭都在外面买。但是这个小饭店开业以来生意一直冷冷清清，只能惨淡经营，原来聘请的钟点工也都被辞退，面临倒闭的困境。相反，距离这个小饭店不远的另外一家小饭店，生意却很红火，在早上时间比较紧张的状况下，客人宁愿绕远路也要到那里去吃饭。

问题描述分析：

描述问题的时候，一般要考虑到"人物""时间""地点""事件""程度"等方面因素。结合这些要求，我们来分析这个案例。

人物：谁遇到了问题？小饭店老板。

时间：什么时候遇到了问题？在饭店开业以后就遇到了。

地点：在什么地方遇到了问题？地理位置相对优越的小饭店。

事件：遇到了什么问题？生意冷清，没有人去吃饭。

程度：这个问题严重吗？很急吗？这个问题对小饭店老板来说非常重要，

他目前面临着倒闭的困境。

问题描述结果：

将上述问题用确切的语言，在下面进行描述：

地理位置相对优越的小饭店生意很清淡，面临即将倒闭的危险。

问题解决后的状态：生意红火，实现盈利。

【活动二】描述宾馆遇到的电梯问题

一座大宾馆的高层以前是仓库，因为客房经常爆满，需要增加客房容量，该宾馆决定把高层的仓库改成客房。可改装完成后，客人们却抱怨：电梯太拥挤，速度太慢。

问题描述分析：

人物：谁遇到了问题？

时间：在什么时候遇到了问题？

地点：在什么地方遇到了问题？

事件：遇到了什么问题？

程度：这个问题有什么发展变化的趋势？是往好的方向转变还是往坏的方向转变？

问题描述结果：

用确切的语言描述：_____

_____。

问题解决后的状态：_____

_____。

【活动三】模拟练习

试描述一段你在日常生活中和工作中遇到的问题，看看你的描述是否能让其他人听明白。

要求：

1. 描述问题清晰。

2. 准确地抓住问题的要害。

3. 其他同学能听明白该同学所描述的问题。

评估：是否掌握了描述问题的方法

一、自我检查评估

1. 为什么说准确地描述问题很重要？

2. 描述问题有哪些基本要求？

3. 一般来说应当从哪些角度描述问题？

二、小组分析案例，组长点评或请培训老师点评

小王家门前有一片小树林，小树林前面有一条小河，这片小树林长势一直不错。然而，前几天，小王突然发现不知道从什么时候开始，靠近河边的小树叶子发黄，有的叶子已经掉了，有几棵情况严重一些的小树已经快死了，远离河边的那些小树都没有什么异常状态。

小王遇到了什么问题？

评估要点：

1. 问题描述分析是否符合要求？

2. 描述的问题是否简明扼要，切中要害？

3. 问题解决后的状态怎样？

第二节　跟踪问题　分析条件

目标：掌握解决问题的条件分析法

用简明扼要的语言描述问题后，需要对问题进行调查、了解与跟踪，并能明确问题的解决所具备的相应条件及所受到的条件限制。

通过本节的学习和训练，你将能够：

1.采用不同方式跟踪问题的发展状态，例如关注事态向不同方面发展的情况，询问他人解决类似问题的过程。

2.指出你所能做的事情有什么条件限制，例如所能利用的资源、安全卫生的规定以及事态可能恶化的程度。

一个障碍就是一个新的已知条件，任何障碍都提出了一个新的问题。只要有意愿，任何一个障碍都能成为一个跳板、一个反跳的机会。

准备：怎样借鉴与分析

古人云："前车之覆，后车之鉴。"在解决问题的时候，不要独自苦恼，要注意借鉴前人的成功经验，吸取他们的失败教训，善于向周围的人请教，了解别人在类似的情况下是如何解决问题的，结果如何；要思考，别人的这种情况与自己的情况相比，有哪些不同的条件。

一、如何向别人借鉴经验

一般来说，向别人借鉴经验可以分为以下几个步骤：

第一步：明确自己的情况及所面临的问题到底是什么。

（1）明确自己的问题是什么。

（2）明确自己要解决这个问题受到哪些条件的限制。

（3）明确问题的紧迫性。这个问题的解决最长能拖到什么时候？如果到了那个时候仍然解决不了会出现什么结果？

第二步：主动请教。

（1）明确谁有类似的经验。

（2）虚心请教，要诚恳，怀有感激之情。

第三步：比较借鉴。

在获得别人的经验之后，要考虑：

（1）别人是在什么样的情况下发生的问题？

（2）他发生问题的情况与自己面临的问题比较，有哪些异同？

（3）他解决问题的条件与自己比较有哪些异同？

二、分析自己解决问题面临的限制条件

1. 对各种条件的认识

要解决问题，就要对你能应用的条件与资源进行分析。条件与资源的分类，可从多个角度进行：

（1）按照条件的属性，可分为自然条件与社会条件。自然条件是指由地理环境所决定的条件和资源，如地理位置、风雨阳光等自然因素；社会条件是指由社会性因素决定的条件，如人情风俗、地域文化观念、饮食文化习惯、法律法规等一些区域性社会文化因素。解决社会性问题的时候，对于各个区域的不同文化特点都要给予尊重，在尊重的基础上进行因势利导。如果你解决问题的方法有违于当地的区域文化特点及人们的风俗习惯等，往往就会行不通。

（2）按照条件的利弊，可分为有利条件与不利条件。解决问题当然要避免不利条件，充分发挥有利条件，以促使问题又快又好地解决。

（3）按照条件的可变情况，可分为硬条件与软条件。硬条件是在解决问题的过程中不可变的条件，比如资金不可以超过多少、人力不可以超过多少、地理距离不可以超过多少，以及一些法律等硬性的不可以变化的限制性条件；软条件是指在解决问题的过程中可以在一定的范围内适当考虑变化的条件。

（4）按照条件的现实情况，可分为现实条件与可能条件。现实条件是目前已经具备的条件，它是解决问题的主要依靠。只有现实条件具备了，问题才能得到解决。可能条件是指在解决问题的过程中有可能出现的一些因素与条件。可能条件不能作为解决问题的依靠。

（5）按照条件的经济属性，可分为经济条件与非经济条件。在日常生活中解决问题往往是一项经济活动，因而自然要考虑在解决问题过程中资金与物质等经济条件的限制，这就是经济条件。非经济条件是指在解决问题过程中的一些非经济因素，比如口头致歉、书面道歉、笑容满面、态度

改变等精神性因素。在解决问题的过程中，有时并非完全是由经济因素决定的，非经济的精神性因素在解决许多服务类方面的问题时往往是问题解决的主要因素。

（6）按照条件的物质属性，可分为物质条件与心理条件。物质条件是指各种物质性因素。解决问题的过程中离不开对各种物质条件的应用，尤其是在解决各种自然问题、技术问题时，不可能不考虑各种物质性因素。心理条件是指在解决问题的过程中涉及的人的各种心理感受，如尊严、体面、爱好等。解决一些社会性问题时要考虑当事人的心理感受与接受程度。

（7）按照条件的可控程度，可以分为可控条件与不可控条件。可控条件是指可以人为控制与操作的条件；不可控条件是指人为控制不了、操作不了的条件。可控条件是解决问题的主要依靠手段。可控条件越多越好，不可控条件越少越好。不可控条件往往会导致解决问题中各种意外事情的发生。

（8）按照条件的已知程度，可分为已知条件与未知条件。在解决问题的过程中要尽量应用各种已知条件，并挖掘各种未知条件，把未知条件变成已知条件。未知条件越多，问题的可控性就越差。对于初学者来说，多问几句"还有哪些情况可能未知"是有好处的。

（9）按照条件的客观性，可以分为主观条件与客观条件。主观条件是指经过你主观意志的努力能够达到的条件，它受人的意志、愿望、兴趣爱好、生活习惯、语言方式等各方面主观因素的限制。客观条件是指不以人的意志为转移的客观物质条件，包括各种社会条件、政策、法律法规的条件限制等。

解决问题的条件，还可以根据其他的性质进行不同的分类。

2. 对条件的分析方法

一般来说，要解决问题，首先要列出"问题是什么""目标是什么"，然后列出"条件是什么"。列出"条件是什么"的过程要尽量详细。

通常，我们可以用图表的方式进行格式化分析。（见表5-2-1）

表 5-2-1 　　　　　　　　　问题解决条件分析表

问题是什么？	
目标是什么？	
有利条件	
不利条件	
自然条件	
社会条件	
硬条件	
软条件	
经济条件	
非经济条件	
物质条件	
心理条件	
可控条件	
非可控条件	
已知条件	
未知条件	
现实条件	
可能条件	
客观条件	
主观条件	

　　提示：在解决各种不同的问题时，究竟分析哪些条件，要根据具体问题来决定。解决简单问题时，分析的条件可以少一些；解决的问题越复杂，分析的条件就要求越多。一般情况下，用得最多的是对"有利条件"与"不利

条件"的分析。

行动力! 行动：分析你所遇到的问题

【活动一】分析小饭店遇到的生意冷清的问题

在上节案例中讲了"小饭店生意冷清"的问题，结合本节学习，我们继续分析：

第一步：认清问题的现状。

认清问题的现状，可以采用结构化提问的方法。

（1）到底发生了什么事情？

——地理位置优越的小饭店生意冷清。

（2）附近另一家小饭店的状态怎样？

——生意兴隆。

（3）问题发生在什么地方？

——大多数年轻员工早上上班需要经过的地方，具有明显的地理优势。

（4）同一地点或附近的地点有没有类似的事情发生？

——附近有地理位置不太方便的另外一家小饭店，它的生意不错。

这两家小饭店有没有差异点？比如品种有什么不同，价格有什么不同，口味有什么不同等。

（5）该小饭店什么时候开始生意不好？

——自从开业以后。

那么，在他开业以前这个地方是干什么的？是不是小饭店？如果是小饭店，原来生意怎么样？

（6）事情的严重程度如何？有没有什么变化的趋向？

——问题很严重，该小饭店面临倒闭的危险。

——没有什么变化的趋向。开业以来就不好，并不是开业刚开始时候好，后来不好。

提示：一个问题能否解决，有没有信心非常重要。信心会直接影响你的态度和行为，也会直接影响你的思维过程。解决问题的信心强，可以使你的思维处于激活状态，更容易想出对策来；相反，如果自己没有信心，那就什么都做不了。

第二步：分析解决问题遇到的限制条件。

因为这个案例不但是社会性事情，还涉及经营的问题，因此要分析的条件比较多。

问题解决条件分析：

问题：地理位置优越的小饭店生意冷清。

目标：让小饭店生意兴隆起来。

有利条件：（1）地理位置比较好，别人来吃饭比较方便；（2）大多数青年员工早饭要在外面吃，生意应当是有的；（3）卫生条件也不错；（4）老板也很注意服务的态度。

不利条件：没有调查比较之前并没有看出有什么不利条件。

硬条件：地理位置不可能变化。

软条件：非地理位置的其他条件可以适当地变化。

经济条件：（1）要考虑小饭店食品的定价贵不贵，要与其他饭店做比较，不能生意越冷清价格越贵；（2）当地人的收入状态怎么样，一般人早餐大致花多少钱；（3）在本店要吃饱，早餐大概要花多少钱。

非经济条件：（1）在路边吃饭是否觉得别人看到不太好；（2）这个地方原来有没有发生过什么不好的事，导致人们不愿意在这个地方多停留。

物质条件：（1）食品质量；（2）价格因素；（3）食品种类；（4）饭菜口味。

心理条件：（1）人们的喜好；（2）顾客的口味；（3）当地的风俗；（4）人们对环境的感受。

可控条件：非地理因素。

非可控条件：地理因素。

已知条件：地理位置优势。

未知条件：（1）不知道这个地方原来是干什么的；（2）不了解当地人的饮食习惯；（3）不了解别的店的价格、食品品种及口味等情况。

关于"小饭店生意冷清"的问题也可以考虑采用经验借鉴法，但因为经营问题比较复杂，并涉及别的经营者的利益，生意兴隆的饭店老板可能不会告诉这家生意冷清的老板应当如何经营。因而，本案例中没有采用经验借鉴的方法。

【**活动二**】分析小方上岗后的"不适症"问题

小方上岗后的"不适症"

刚从某高职院校文秘专业毕业不久的小方，经朋友介绍，应聘到某园林绿化公司办公室上班。办公室主任接待了他，向他介绍了公司的有关情况，交代了他的工作任务和工作职责。小方报到两天后，办公室主任就陪公司经理出差了，办公室只留下他和一位会计。这时，摆在小方面前的工作有一大堆：打扫卫生，接听电话，接待来客，撰写文稿，协调工作，等等。他忙得头昏脑涨，感觉很不适应。对此，小方该怎么办？

案例分析：

（1）小方面临问题的现状。

（2）小方解决这个问题的有利条件与不利条件。

（3）如果运用经验借鉴法，小方该怎样借鉴人的经验？

提示：

1. 按照案例中的结构化问话方法分析小方面临问题的现状。

2. 按照条件分析法列出小方解决这个问题的有利条件与不利条件。

3. 运用经验借鉴法，小方有可能向谁借鉴经验？

评估：是否掌握了问题分析方法

1. 自我评估经验借鉴法的运用能力

（1）经验借鉴法的要点是什么？采用经验借鉴法的时候要注意什么问题？

（2）应用经验借鉴法解决下面的问题：

小赵是文科毕业的大学生，按理说，她使用电脑多年，对于一些基本的应用软件的操作应该很熟悉，但她从小对一些技术性的问题有天然的回避心态，不愿意去学习。一天，到了办公室，小赵打开电脑准备上传一些照片给朋友，但弄了好长时间也做不好，她很焦急。

如果你是小赵，请采用经验借鉴法帮她解决电脑上传照片的问题。

2. 小组运用条件分析法分析上节的"宾馆电梯问题"案例

（1）请按照你的记忆说一下条件的类型。

（2）请应用条件分析法分析案例中宾馆电梯拥挤问题的各种限制条件。

评估要点：

（1）对宾馆遇到的问题列出了哪些限制条件？

（2）所列出的限制条件是否符合实际状况？

（3）是否还有限制条件没有列出来？

第三节　提出对策　选择方案

目标：学会选择决策的方案

　　在解决问题的过程中，当你认识了问题的所在、分析了解决问题的相关条件之后，一般会形成几种解决的对策。在多种解决问题的对策中，应该如何选择最佳的解决问题的方案呢？这是本节学习要达到的目标。

　　通过本节的学习和训练，你将能够：

　　1. 学会提出多种解决问题的方法。

　　2. 学会如何从多种方案中选出最佳的方案。

任务：比较决策的备用方案

　　所谓决策，就是为了达到一定的目标，在掌握一定量的信息和对有关情况进行深入分析的基础上，拟定、评估各种备选方案，并从中选择合理的方案的过程。

　　决策是人生十分重要的活动。从小的方面来说，一件事情的失败往往是决策上的失败；从大的方面来说，人生的失败往往也就是决策上的失败。在工作中，决策是最富有挑战性的，它往往与风险和责任联系在一起。因此，它既需要智慧，也需要勇气、魄力和责任感。

这一节学习训练的任务是，在分析问题的基础上提出解决问题的各种备用方案，重点是对方案进行分析比较，从中选择出最佳方案。

以案例"小方上岗后的'不适症'"为例：

小方在明确了自己遇到的问题并分析解决问题的各种利弊条件之后，就要思考：解决上岗后的"不适症"这一问题的方案有哪几种？

考虑解决上岗后的"不适症"这一问题的方案，必须基于自己现有的条件。小方现有的条件是：系统地学习过企业文秘的专业知识，有一定的写作能力，能够比较熟练地操作电脑，对公司的基本情况有些了解。这里，小方有一些解决上岗后"不适症"问题的办法和方案可供选择：虚心请教其他领导和有经验的员工，或者电话请教出差在外的办公室主任，或者找学校老师和其他在企业工作的师兄师姐咨询，或者重温书本上的文秘知识，或者在工作实践中抓紧锻炼、努力提升，等等。这就需要考虑：各种不同的解决方案各有什么利弊得失？有何潜在风险？

准备：决策分析按步走

决策分析的过程也是各种不同方案比较的过程。决策分析的步骤有：

第一步：明确决策的目的

可以写一个简单的决策陈述，使自己明确你要做出的决策是什么。看起来这个步骤很简单，事实上，在决策过程中最容易犯的毛病就是偏离决策的目标。

第二步：提出解决问题的各种方案

决策即是一种选择，没有选择就谈不上决策。要进行科学的决策就必须尽量多地提出各种可以用来解决问题的方案。

在时间比较充分的条件下，可以把这些方案写下来，进行利弊得失的比较，从中选择比较好的方案。

在时间比较紧张的情况下，有丰富处理问题经验与高度应变能力的决策者，能够快速地对各种方案的利弊得失进行比较。

第三步：清楚决策的标准

在制定决策的标准时，可以分为"必须达到的"和"想要达到的"两个方面。决策"必须达到的标准"是决策的硬标准；想要达到的标准是决策的期望标准，或者称为"软标准"。硬标准应当非常清晰，能很简单地把握，最好可以衡量。软标准并非每一个都必须达到，但在具体选择时要考虑到它的权重因素。在进行比较简单的决策分析时，没有必要对决策的软标准进行权重计算，一般只需要进行利弊得失分析，就可以做出决策了。

关于决策的标准，你必须明确以下两点：

（1）衡量决策成功的底线是什么？（什么样的条件是必须在这个决策中达到的？）

（2）衡量决策成功的期望标准是什么？（什么样的条件在这次决策中能够达到是最好的？）

第四步：比较各种方案的利弊得失与潜在风险

对各种方案的利弊得失与潜在风险进行分析和评估。

潜在风险的评估可以分为高、中、低三个级别，也可以分为极高、较高、一般、较低、低五个等级进行分析和评估。

在选择最佳方案的时候，一定要考虑可以承担的风险是多少。

第五步：决定行动方案

将每个方案的情况写下来，然后结合成功的硬标准与软标准，你就可以知道应当选择哪个方案或者是哪几个方案的组合了。

决策的时候，一般要考虑备选方案，这样往往就会有第一方案、第二方案、第三方案等。

行动力！

行动：让我们来选择决策方案

【活动】小饭店生意冷清

考虑到问题的连贯性，我们还以"小饭店生意冷清"为例分析小饭店老板遇到的问题。在对他的现状和所拥有的条件进行了各种分析并提出几种解决问题的方案后，怎样分析这些解决方案各自的利弊得失？应当选择什么样的方案来解决问题？

按照本节"准备"中的方法，我们"决策分析按步走"。

第一步：明确决策的目的

决策目的描述：使小饭店走出经营的困境。

第二步：提出解决问题的各种方案

考虑到在第二节中分析到的各种条件，小饭店的老板可以有如下的解决方案：

第一方案：关闭小饭店。

第二方案：将小饭店转让给别人。

第三方案：认真进行调查研究，找出原因并加以改善。

第四方案：请高人指导，帮助查找原因并及时加以改善。

第三步：清楚决策的标准

在这个案例里，衡量决策是否成功的标准是：

硬标准：即底线，千万不能再赔钱。

软标准：即期望标准，希望小饭店生意能够好起来，能够赚钱。

第四步：比较各种方案的利弊得失与潜在风险

方案一：关闭小饭店

利：（1）简单方便，一了百了；（2）不开店就肯定不会再赔钱了；（3）马上能做决定。

弊：（1）房屋租赁合同还没有到期；（2）提前结束租赁合同要付出一定的经济代价；（3）原来的装修费用没有赚回来；（4）接下去干什么还是个问题。

得：不用再为这个小饭店如何经营而操心了。

失：（1）眼前的经济损失比较大；（2）等于承认自己失败了，打击了自己创业的信心；（3）有让别人看笑话的可能。

潜在风险：风险一般。关闭后如果换个地方继续经营小饭店，一切都是未知数。

方案二：将小饭店转让给别人

利：（1）能使自己不用再为这个小饭店的经营问题担心；（2）能够减少部分经济损失。

弊：合适的下家不大好找，需要时间。

得：（1）使自己的经济损失减少一些；（2）刚刚装修的房间也许能得到一些补偿。

失：（1）承认自己经营失败了，打击了创业的信心；（2）有可能让别人笑话；（3）自己有可能找新址重新经营。

潜在风险：如果找不到合适的下家，还会继续赔下去。

方案三：认真进行调查研究，找出原因加以改善

利：（1）目前已经经营了一段时间，尽管生意不好，但还有一些顾客；（2）认真调查研究一番，找出原因有针对性地加以改善，仍有可能扭转局面；（3）如果将问题解决了会特别有成就感，对今后的创业会有积极影响。

弊：（1）也许自己的眼光有限，俗话说"当局者迷，旁观者清"；（2）自己的精力可能不够用；（3）如果自己解决不了问题，会赔得更厉害。

得：促使自己认真思考，使自己增强信心。

失：失去时间，会赔更多的钱。

潜在风险：万一自己解决不了问题，就会继续赔钱。

方案四：请高人指导，帮助查找原因并进行改善

利：（1）旁观者清，也许别人有更好的建议；（2）节约自己的时间，同时自己也应当思考对策；（3）能够使自己打开新的思路。

弊：（1）高人未必好找；（2）如果找到的不是这个行业中的高人，错误的观点会影响自己的决策；（3）可能要有一定的花费。

得：能够听取不同的观点，得到他人的指导，获得改善的办法。

失：会花费一定的时间，并且可能会有一定的费用。

潜在风险：如果需要花钱买主意，风险较大；如果对方不是餐饮方面的行家，而且也没有什么好主意，既花钱又浪费时间；如果能够把高人的主意与经营的效益结合起来，那就没有什么风险。

第五步：决定行动方案

综合考虑以上四个方案后，我们可以采用第三和第四个方案。这两个方案的风险相对前两个方案要低得多，建议这位老板下决心拼搏一下。

评估：你是否掌握了决策分析方法

一、自我评估

1. 什么是决策？

2. 决策的原则有哪些？

3. 什么是决策中潜在的风险？为什么在决策时要考虑潜在风险？

4. 列出决策的几个主要步骤。

二、分析案例"宾馆遇到的电梯问题"

在第二节练习中，我们已经帮助该宾馆经理列出了他所遇到的问题受到的各种条件限制。本节练习，我们的任务是：

1. 帮助经理提出解决该问题的几种方案，并比较分析各种解决方案的利弊得失与潜在风险。

2. 决策：应当选择什么样的解决方案。

小组分析后，请培训老师点评。

第六单元　实施计划　解决问题

能力培训测评标准

在实施解决问题的方案时，能够在相关人员的支持下，做出解决问题的计划并实施这一计划，在实施过程中充分利用相关资源。

在制订计划和实施解决办法时，能够做到：

1.获得有关部门准许，以确定和实施你的解决办法。

2.制订解决问题的工作计划。（例如，列出解决问题的每项工作任务、工作方式、需要的时间、资源和帮助，考虑可能出现的困难及克服的办法等。）

3.在处理问题时获取和利用所需要的支持条件。

4.组织实施计划，完成计划列出的各项任务。（例如，运用专业知识，对不熟悉的资源进行调查研究以便获得充分的资源，有效利用时间，保持有条理的工作步骤。）

根据上述标准，我们可将其核心概括为"制订计划，实施计划"。

本单元将对此分三节进行训练，分别为：

第一节"准备计划　寻求支持"，训练能力点 1。

第二节"制订计划　详细可行"，训练能力点 2。

第三节"利用支持　实施计划"，训练能力点 3 和 4。

本单元主要训练如何制订计划、制订后如何实施计划的问题。这是一个将具体问题付诸实践的过程。

第一节　准备计划　寻求支持

目标： 寻求别人对计划的支持

当遇到问题时，你首先要对问题进行分析，然后制订解决问题的计划。要使这个问题得到解决，就要思考这个计划在实施过程中本人能否有权做出决定，在实施过程中需要协调哪些部门的关系，这些关系应怎样协调才能最大限度地获得支持。要解决这些问题，必须明确，一个计划在实施过程中遇到的阻力往往超过当初的预计，不管这个计划多么有意义，可行性有多强，在一个组织中，获得领导者的支持才是关键。通过本章的学习，你将能够：

1. 介绍你的计划。
2. 掌握寻求支持的方法和途径。
3. 与对方有效沟通并获得支持。

任务： 获得领导和相关人员的认可和支持

当针对问题做出计划以后，面临的第一个问题就是要获得领导的认可与支持。因为一个计划的实施，可能需要得到其他部门人员的协助以及单位资金和物质的支持，这些都需要得到领导的认可和支持。

【案例】

某单位食堂原来一直凭饭票吃饭，饭菜数量多、质量高、价格低，而且可同时买多份。后来许多外单位的人也通过各种途径用饭票来买饭，出现了本单位的职工买不上饭的现象，食堂入不敷出，压力骤增。经过考虑和借鉴其他单位的做法，行政科的王科长提出了如下方案：用磁卡替换饭票，在食堂的每个打饭窗口安装刷卡机，每张磁卡每天只能中午刷一次，卡内余额不足时，到行政科充值。

王科长知道这件事做起来比较困难，多年的工作经验告诉他，一个好的思路和好的方案并不一定会得到别人的认可。每个部门和每个人都会站在部门和自己利益的基础上思考问题。因此，他必须做细致耐心的说服工作，让员工能够赞同这个方案。

为了获得领导和相关人员的支持，确保计划顺利实施，要从以下几方面进行考虑：

1. 方案实施过程中涉及的部门和人员以及起主导作用的人物。

2. 多方面了解各个部门和人员对计划的态度。

3. 向领导和相关人员介绍方案时语言应简洁、清晰、有条理，阐述的内容包括方案实施需要的资金、人员、场地以及可带来的益处。

准备：获得支持的方法

获得支持是一件比较困难的事情，可以从下面几个方面着手：

一、做好思想准备

无论你的方案多么完美，总会有人对此不感兴趣。你必须坚持自己的方案。要使一个方案能够顺利实施，必须得到各方面的支持，包括资金、人员、场地、设备以及上级的审批等。要知道凡是用新的方案取代已有的做法往往会遇到阻力，只有在各方面人员的配合下才能解决存在的问题。

需要注意的是，提出解决问题方案的人可能并不是负责人。如果你是一个普通职工，提出了一个改革公司考勤办法的计划，就将遇到很大的阻力。公司内部总是存在着复杂的人际关系和权力斗争，某些合理的方案和办法在这样的环境中往往就被否定了。

当你对你的方案很有信心的时候，你要做的工作是完善和充实方案的内容，随时准备回答各种可能遇到的问题。

二、设法了解批准方案的过程、每个人的分工和态度

假如你想使你的方案尽快地得到批准，你应该做的就是首先了解在组织内部批准方案的过程是怎样的。为了有一个明确的思路，你要从以下几个方面进行考虑：

1. 在批准过程中哪些人会参与其中，他们的分工情况怎样

在一个组织内部，极少出现领导者不征求其他人的意见而做出决策的情况。例如，某部门打算将一个优秀的业务人员调往另一个城市担任主管，在做出决定之前，部门经理总是会与总经理和人事部门负责人进行商量的。为了使你的方案能够通过，你应该重视并认真考虑这些人的意见。

一个新入职的人经常会做出这样的事情，就是越级上报自己的解决方案。这样做的结果往往会引起直接主管的震怒，自认为完美的方案就会被上级主管否定。因此，新入职的人首先应该了解组织内部批准方案的过程以及批准过程中参与人的情况。

2. 决策者需要达到的目的是什么，他们做决策的标准是什么

分析决策者需要从以下几方面进行考虑：一是决策者是什么人。决策者受过怎样的教育，他擅长哪方面的工作，他的个性是保守的还是开放的，他是一个公正的人还是一个私心重的人。二是决策者对组织的整体把握情况。决策者在组织内部是否地位很稳固，他是否对组织进行过比较大的改变，是否有其他人或派系威胁到他在组织内的地位，他是否有能力使计划能够持续进行下去，新的方案是否会对他造成威胁等。

3. 决策者对你的方案的态度

根据以上对决策者的分析和你了解到的情况，预判决策者会对你的方案持什么样的态度，他会从什么角度来分析、判断你的方案的作用和意义。你是否已准备好向他提供对通过方案有帮助的信息？你还应知道，有些人在判断提案时只根据提案的内容下结论，有些人是根据对提案人的感觉下结论，有些人是根据提案操作时可能遇到的风险下结论。

三、争取其他人的配合

在分析了决策者的个人行为特征和可能对方案持有的态度之后，下一步应该做的是采用什么样的方式说服决策者做出同意的决定。通常情况下说服决策者一般采用自下而上的方式来进行。具体来讲就是先在下层进行宣传，让下层知道并讨论方案的具体内容，在讨论的基础上进行修改补充，从而获得下层的支持，然后再向上层汇报。这种情况下获得决策者支持的可能性很大。除此之外，就是直接找到决策者，对他做说服工作从而获得支持，前提是你对决策者的兴趣和他希望达到的目的有清楚的了解。

以上是对决策过程的分析，在这个过程中决策者通常会与一些关键性人物进行讨论，听取他们的意见。这些人物可能包括上级、同级和下级。你不可轻视这些人的意见，应认真对待，努力争取他们对方案的支持。

四、充分准备

要想让你的方案得到决策者和其他人的认可，你得做好应对各种质疑的准备。比如当你有机会在会议上向各主要领导讲述你的方案时，你应事先把可能被问到的问题和答案列出来。为了能更好地阐述你的方案，最好做个幻灯片来说明。会议上各主要领导可能问到的问题有：

1. 其他单位遇到这类问题是怎么解决的？

2. 有没有其他的方法？

3. 实施这个方案以后，我们需要做什么？需要付出多少？

行动力!

行动： *积极寻求领导和其他人员的支持*

【活动一】案例分析

在前述案例中，行政科的王科长觉得采用磁卡刷卡买饭是一个好办法。这个办法实施以后，能够保证单位每个职工在中午都能够吃上质优价廉的饭菜，扭转外单位人员前来蹭饭和食堂秩序混乱的局面。这个磁卡系统的使用，也使单位对食堂的补贴能够真正用到职工身上，有利于减轻单位和食堂的压力。

该方案看起来对单位和职工都有利，但是仍然不能确定符合每个人的利益和要求。为使方案能够实施，王科长必须获得必要的支持。

首先，王科长认为这个方案分六步走比较稳妥。

1. 获得上级批准。

2. 指定每个部门负责此项目的人员。

3. 筹集资金。

4. 磁卡设备技术准备。

5. 磁卡设备安装。

6. 推行磁卡设备使用。

以上是一个大致的步骤。王科长询问其他单位之后，确定整个计划大约需要一个月的时间才能完成，他反复思考了每个步骤，找出其中一些重要的影响因素。

这些起重要影响的因素如果出现问题，就可能使整个计划失败。首先，他认为关键的因素是要获得主管行政工作的经理的支持；其次，需要确保指定的负责人支持这个方案，并且与其他部门的所有人员有良好的人际关系。王科长已经做到心中有数，他决定想办法先得到这些人的支持。

多年的工作经验使王科长首先考虑到要想获得上层的支持应该先从下层着手，先赢得下层的支持，上级予以通过的可能性就会非常大。所以他考虑上层在做出决定之前必然会征询某些人的意见。他要做的就是说服上层可能征询意见的人员。王科长认为可能被上层征询的对象有后勤科的其他负责人、基建科的管理人员、财务科的负责人（因为资金的支出涉及财务部门的工作），以及一部分普通职工。后勤部门有一位科长、一位副科长，这位副科长是一位老资格的技术人员，公司的许多设备由他主管，因而他的意见也应重视。

然后，王科长开始对决策者进行分析。根据他掌握的情况，主管经理是一个非常踏实的人，他做事认真细致，喜欢按照已有的规章制度办事，不属于勇于改革的人，但为人正直。他在这个公司里已经工作二十多年了，对公司很有感情，大家都很尊敬他。王科长思考主管经理对这个方案将持何种态度。作为一名老员工，主管经理曾经参与公司原有制度的制订、修改、完善，所以他对旧制度很熟悉，也有相当的感情。王科长预计，如果提出改革旧制度的意见，有可能会遭到主管经理的反对。不过，主管经理也是一个很节俭的人，他曾经制定了很多政策防止单位里的资源浪费。王科长认为此事要从节约单位补贴的角度入手，与主管经理讨论。

王科长与主管经理私下交流之后，主管经理认为刷卡买饭的想法不错，基本表示同意。

下一步王科长将向有关人员着重说明以下问题：

1. 实施方案的目的是什么？

2. 实施方案会给单位、部门、职工分别带来哪些好处？

3. 这个方案有哪些经济效益和社会效益？

4. 这个方案由哪些部门参与实施？

5. 实施方案需要多少预算资金？

现在，主管经理已经对这个方案产生了兴趣，只要能够说服其他人同意，并且能给主管经理提交一个详细的实施方案，王科长相信公司最终一定能同意这个方案。

【活动二】如何让领导同意自己的方案

【案例】

小张是某婴童用品公司一个产品研究小组的负责人，他所在的组一直在进行折叠儿童自行车的研究。最近，他建议使用新型钢材取代传统材料，这样能减轻自行车的重量，也易于折叠。他对自己的想法很自信，认为这个想法不但市场前景广阔，而且还能给公司带来可观的利润。小张怎样才能让这个想法变成现实呢？他怎样才能说服公司的领导层同意他的方案？

提示：

第一步：列出整个方案实施的步骤。

第二步：列出每个环节需要说服的有关人员。

第三步：对决策者的特点进行分析。

第四步：列出需要谈话的人员名单。

第五步：做出详细周密的推销方案。

第六步：准备回答别人可能提出的问题。

第七步：与有关人员谈话的时间、内容和目的。

【活动三】角色扮演

根据活动一和活动二的案例，两位同学分别扮演提出方案者和需要说服的领导，表演说服的过程。

提示：

1. 说服过程中，怎样能够让对方清楚地明白自己的意图？

2. 是否站在对方的立场和感情考虑问题？

第二节　制订计划　详细可行

目标： 学会制订工作计划

当方案被批准之后，就应考虑怎样才能把方案变为现实。首先应该根据批准的方案制订具体、详细的计划。这个工作是实施方案最重要的一步。在这个计划里，你要列出实施方案需要解决的各项任务、工作方法、需要的时间、资源和帮助，以及可能会出现的困难和应对的措施等。

通过本节的内容，你将学会：

1. 制订工作计划。

2. 将一个总任务分解为几个小任务，并学会完成各项任务、达到预期目标的方法。

3. 事先考虑完成各任务有可能遇到的问题，并提出能够避免的方法。

4. 合理地分配时间和资源。

任务：着手制订工作计划

通过上一节的分析可知，王科长已经获得了主要领导的支持，财务部门也已经拨款，王科长要开始实施方案了。王科长面临的任务是制订一个详细的计划。为了使计划具有可行性，王科长需要考虑以下几个问题：

1. 本计划的目标是什么？

2. 采用怎样的步骤才能达到目标？

3. 完成这些工作的时间怎样安排？

4. 预算经费是多少？

5. 需要采取哪些措施来保证计划的顺利实施？

6. 计划执行过程中可能会遇到什么问题？

7. 原来的计划目标能否临时改变？

准备：制订计划的知识和方法

有了方案，就要根据方案所要达到的目的分步骤制定目标。

一个完整的工作计划应包括以下内容：

一、方案要达到的总目标

提出方案就是为了解决问题，方案实施后不仅要使问题得到解决，而且也要达到相应的目标。目标包括两个方面：一是方案实施之后必须达到的结果；二是方案完成的最后期限。你应该用简明扼要的语句概括出方案要达到的目标，这样你就能够在这个目标的引领下实施你的工作计划。

二、分解任务，确定实现每一个目标的步骤

要根据被批准的解决方案，把一个总的任务分解为几个小任务，并为每个任务确定目标。需要注意的是，同一个任务的分解可以从多个角度进行。例如，以产品销售为例，可以按产品价格进行分解，可以按产品功能进行分解，

也可以按产品销量进行分解。在分解任务时，最好要听取有关部门和专家的意见，以避免决策失误。在决策者做出决策后，应形成相应的文件。

三、制定时间表

当任务分解以后，就要根据任务具体安排实施的时间。制订时间表之前，要先看看计划是分几项任务进行设计的，这些任务的完成需要的大致时间，根据大致时间画出一个草图。

四、人员和资金的分配

方案被批准后，下一步就是选择合适的人去实施方案。当有了合适的人选之后，就要把实施方案的基本原则、计划和步骤向他们做详细的讲解，以使他们理解方案的整体目标，包括进度安排和核查机制，以便他们能够以合适的方式去实施方案。

人选确定后，要做一个方案的资金预算表，详细说明方案各个环节预计需要的经费情况。

制订预算的目的在于：

1. 合理地处理项目经费。

2. 科学调度资金的使用。

3. 保证资金的正常流转。

4. 为项目的财务监督提供依据。

在制订项目预算经费时，应注意以下几点：

1. 要包括项目所有活动需要的费用。

2. 既要保证各项活动经费使用、分配的合理性，又要避免出现活动经费过于充足或短缺的情况。

3. 制订经费预算时，应听取实施人员的意见，他们最了解哪些支出是必需的。

4. 对预算经费数目尽量做出切合实际的估算。

5. 预算中应预留意外情况发生时需要的支出。

五、研究潜在问题，设计紧急应变方案

你的方案无论多么完善，在实施过程中都有可能出现意外情况。为了避免出现意外情况之后手忙脚乱，你应提前做出预案。怎样做预案呢？就是把在实施方案过程中可能出现的情况都记录下来，为此应多征求别人的意见，从中发现自己没有想到的情况。然后，根据可能出现的这些情况，采取相关的措施进行规避。

六、确定一个核查系统

计划实施以后，每个步骤是否达到预期的目标需要有一个监督系统进行核查，应确定由谁来进行监督，用什么样的方法进行监督。实践证明，没有监督就容易使计划失控或者无法达到当初设定的目标。通常情况下，在计划进行中应当做阶段性的检查，这个时间点应在计划中注明，每个项目参加人都应清楚地了解。

项目负责人在整个项目的进行中负有重大的责任，他负责监督整个项目的实施。他可以定期召开会议讨论工作进展情况，定期或不定期地检查一些具体工作，确保项目都在按计划顺利推进。

行动力！ **行动：** 动手制订工作计划

【活动一】食堂刷卡买饭系统的改造方案如何实施

1. 目标是什么

这次改造的目的主要是保证单位每个职工中午都能够吃上质优价廉的饭菜，使单位对食堂的补贴能够真正用到职工身上，以减轻单位和食堂的压力。

单位原有的职工餐费补助不应该受到损害，考虑以一次性向卡内充值的方式发放给职工。

2. 任务分解——需要采取哪些步骤才能达到这个目标

王科长先拟订了一个简单的计划，并把计划进行了细分，使计划的目标和期限更加明确。

3. 每一步都有哪些人参与，需要哪些资源

1. 设计方案、方案报批——行政科。

2. 前期准备——行政科。

3. 采购设备——资产科负责采购的人员和设备科人员。

4. 安装施工——行政科、食堂的管理人员、基建处、设备厂家。

5. 设备调试——行政科、财务科、供货商。

6. 设备试运行——行政科、财务科、宣传部门。

7. 磁卡应用——后勤科、财务科。

8. 正式运行——行政科。

9. 竣工验收。

4. 怎样安排进度

王科长按照计划把每项任务列出来，把完成这些任务需要的时间规划出来。

5. 计划的哪些环节可能出问题，怎么应对

经过反复思考，王科长发现了许多可能出现的问题。他把这些问题列出来备查。

王科长也考虑到，不管计划设计得多么详细和周密，在实际操作中都可能会出现差错，甚至会出现意外情况。因此，他必须准备备用方案。例如：当发生磁卡不能扣款或扣错款等现象时，王科长准备暂时停止使用磁卡；如果职工抵触情绪大，王科长考虑让这些职工去使用磁卡的单位参观一下，以消除误解。

6. 确定一个核查系统

王科长作为项目的负责人，很清楚每一步要达到的目标；因此，他将以此为根据检查项目的进展情况。

【活动二】案例讨论

参加以下活动需制订怎样的计划和预案？

1. 去西藏旅行。

2. 举办一次篮球比赛。

3. 举办一次诗歌朗诵会。

第三节 利用支持 实施计划

目标：掌握实施计划能力

当方案确定以后，就要按照方案的设计去实施计划。虽然已经做了许多前期的调研和征询工作，也预设了实施中可能出现问题的应对方案，但是在真正开始实施以后还是会发现不少困难。为了保证计划顺利实施，你要想办法找出并利用各种有利条件，以帮助你克服困难。

通过本节的学习，你将能够：

1.学习如何实施计划，完成计划列出的各项工作。

2.学习怎样获取处理问题的有利条件，即利用你的各种知识，深入实际进行调查以掌握更多的信息和资源，在规定的时间内保证计划顺利完成。

任务：推动计划的实施

计划交付执行之后，有的人能够实施得很好，能顺利完成任务；有的人却无法完成任务或完成得不合目标要求。一般情况下，这不是计划本身的问题，而是执行能力的问题。其实，在执行过程中，不时会出现一些或大或小的问题，这都会考验执行者的智慧和应变力。

在案例中，作为食堂刷卡改造项目的负责人，王科长已经制订了详细的工作计划，紧接着就是实施这个计划。方案中每项计划都有完成的时间表，但是在执行过程中许多问题还是有可能出现。如果对问题处理不当，将会使计划延期。为了保证计划的顺利进行，王科长需要考虑以下几个方面的问题：

1. 怎样使计划顺利实施?

2. 在实施中随时掌握新情况和新信息。

3. 及时利用所需要的支持条件。

4. 假如在计划实施过程中出现意外情况,无法完成原定的目标,那么需要考虑如何调整计划。

准备:如何才能落实计划

在计划实施过程中,当遇到难题或阻力时,应在计划时间内想方设法去解决,而不宜久拖不决;否则不但会浪费时间,而且会使计划的发展偏离原来的目标。作为计划的推动人,应该经常关注计划的进度,帮助执行人解决执行中出现的问题,以确保计划顺利实施。

一、统一协调,落实计划

每个计划制订以后都要求方案的制订者或具体部门具体负责计划的实施,这样才能保证计划的顺利进行。以食堂改造计划为例,王科长是这个计划的负责人,只有他能够推动计划的实施。作为计划的具体执行者,王科长知道,自己首先应对计划的完成充满信心。其次,要严格要求自己,迎难而上,以实际行动增强组织成员的信心,使参与计划的成员以饱满的热情投入到工作中去。

在计划执行过程中,由于把各个任务分配给了不同的人员或部门,为了保证计划的整体进度,就要统一协调,使各部门和参与人员以积极和负责任的态度实施计划。

计划负责人为了使计划能有序地实施,要重点考虑以下问题:

1. 要考虑计划参与人员的工作能力、擅长的工作以及兴趣爱好等因素。例如,难度较大的工作分给业务能力强的人去做,难度较小的工作分给业务能力一般的人去做。

2. 既要使参与人员在工作中发挥自己的才能,又要使他们在工作中获得进一步发展的机会,以充分调动其工作积极性。

3.在工作中要明确每个人的职责和工作范围，努力避免出现因职责不明导致的相互推诿现象。

二、有效监督，奖惩分明

为了使工作能够切实有效地达到预定的目标，使每个参与人员都能够按时完成自己的工作任务，有必要建立合理的检查和奖惩制度。作为计划的负责人，除了听取汇报、看书面报告外，还应到工作现场实地检查，督促并指导一线工作。

行动力! 行动：认真实施计划

【活动一】分析案例

向其他人分配任务时，应同时把明确的目标告诉他们。

步骤一：分配工作，统一协调。（略）

步骤二：有效监督，奖惩分明。（略）

【活动二】落实国庆节联欢晚会计划

假设学校决定由你负责筹备国庆节联欢晚会，你打算怎么做？

提示：

1.根据什么原则向别人分配工作以使他们能胜任工作？

2.怎样调动每个人的积极性以发挥他们各自的能力？

3.假如在活动中出现意外情况，该怎样处理？如需调整已有的计划，你会怎样应对？

4.在筹备工作中打算通过什么途径获得信息和别人的帮助？

第七单元　验证方案　改进计划（一）

问题解决后，能够与相关人员一起检查问题是否得到解决，描述其结果，提出进一步改进的意见。能够做到：

1.掌握检查问题是否得到解决的方法（例如，对有关问题解决的因素能够逐项提问，能关注解决问题的关键因素）。

2.按照检查方法和步骤，进行测评、观察、测量、询问等。

3.说明跟踪事态发展的结果（例如，事态发展过程中发生了什么情况，对最终结果做出结论性意见，说明结果与目标符合程度）。

4.提出改进解决问题的方式（例如，在发现问题、做出计划、实施计划、检查问题是否得到解决的时候，应采取什么方式进行改进）。

我们把"解决问题能力"模块规定的以上四个能力点概括为"验证方案　改进计划"，分三节进行训练：

第一节　"寻找方法　实施检查"。

第二节　"跟踪结果　做出鉴定"。

第三节　"利用经验　改进方法"。

判定一个问题的解决是否成功，要对问题解决之后的结果进行评估与鉴定，并能在此基础上总结经验，提出改进的办法与措施。本单元主要训练这种检查评估、鉴定改进的工作能力。

第一节　寻找方法　实施检查

目标： 掌握质量检查的方法

在问题解决之后，我们应当进行一个总结。总结的过程就是一个反思与提高的过程。在反思前我们需要确定一个目标，其目标就是检查问题解决得怎么样。

通过本节的学习和训练，我们初步掌握：

1. 学会在解决一个问题之后，养成对解决问题的方法与效果进行总结的习惯。

2. 学会对问题的解决状况进行检查的方法。

任务： 检查问题解决的效果

【案例】

某学校管理人员小张，在征得校领导的同意后，采用了招标的方法与某建筑施工队签订了施工协议。施工队经过三天左右的施工后，终于按照审核了的设计方案改造了校区所有的厕所。现在施工任务已经完成，施工队长来找小张希望把余款结清。小张应当怎么办？他面临的任务是什么？

在该案例中，小张是负责该项目的办事人员，在施工结束后他应当首先向他的领导——学校校长报告施工按期结束这件事，并应当向校长说明，施工队要求将余款结清。校长接到报告后，肯定要先带人去现场看看，检查"活儿"干得怎么样，这个过程实质上就是一个质量验收的过程。

任务完成后，我们要对问题解决得怎么样进行总结，这就需要我们考虑用什么方法对完成任务的状况进行检查。找到并利用恰当的方法，是实施检查的关键。

准备：质量检验的若干方法

我们要对解决问题的方法及问题解决的状态进行检查，其方法有如下几种：

1. 结果评定法

结果评定法，顾名思义，是根据问题解决后的状态来评定问题解决得是否正确、采用的解决方法是否妥当的方法。

我们说，解决问题的结果是最重要的。因此，问题解决后我们必须给结果一个评定。对取得好结果的过程与方法进行总结，这是从成功的案例中总结经验；反之，如果结果不好，同样要进行总结，这叫从不足中总结教训。我们所得到的问题解决后的理想结果，是你在问题解决之前想达到的目标状态。

2. 专家鉴定法

有些专业性、技术性较强的问题到底解决得怎么样，外行人往往很难做出评估。外行人往往只能看到事物的一些表象，甚至会被表象所蒙蔽；内行人则可以透过事物表象，发现事物本质性的东西。因此，当遇到专业性、技术性较强的问题时，问题解决后，我们要评估问题到底解决得怎么样，就必须找这方面的专家，只有这样，其结论才能比较准确、恰当。

3. 群众评估法

有些问题的解决是为特定的人群服务的。比如，某社区医院的医疗条件到底改善得怎么样了，那就应当让在该社区医院就医的人群来评价。俗话说"群众的眼睛是雪亮的"。这些直接关系到群众利益的问题，就要让群众来评估。群众评估法，通常采用设计特定的量表进行问卷调查或者面谈调查、电话调查等方法。

4. 指标考核法

如果在解决问题之前，我们对问题的解决设定了清晰的目标，有具体的考核指标，那么，在问题解决后，我们就可以根据所设定的指标对结果进行考核，这就是在运用指标考核法。

5. 列表提问法

列表提问法适用于对一些初级问题的解决结果的检查。

运用列表提问法检查解决问题的结果大致有 7 个方面。（见表 7-1-1）

表 7-1-1 　　　　　　　　　运用列表提问法提问清单

1	结果检查	1. 问题解决后，其结果是否达到了计划的目标？ 如果未达到计划目标，在什么地方还有差距？
		2. 问题解决后，是否最大程度上满足了各方的利益需求？
2	过程检查	1. 问题解决的时间是否有耽搁？
		2. 解决问题时，其步骤是否符合逻辑上的顺序？ 问题解决过程中，各个步骤的事件之间有没有一些因果性的关系？
		3. 问题解决的整个过程是否有条不紊、井然有序？ 在解决问题的过程中，是否隐藏了产生新的问题的因素？
3	人的因素检查	1. 在解决问题的过程中，自己使用的语言方式是否妥当？
		2. 解决问题中有没有团队成员受伤或者发生意外？
		3. 在团队之间互相协作时，有没有发生争吵或者矛盾？
		4. 团队中哪个成员在解决问题过程中有协作精神？
4	财务因素检查	1. 整个支出是否超出了预算？ 超出了或者结余了多少？
		2. 什么原因使之出现了超支或结余？
		3. 有没有让别人垫了钱还需要还的？
		4. 是否有些花费由于某种原因而没有开发票？ 如果有，由谁证明？
5	物料因素检查	1. 解决问题中应准备的材料在开始时都考虑到了吗？
		2. 解决问题中使用过的材料还可以继续使用吗？ 需要入库归类吗？
		3. 购买这些材料时其价格是否合理？ 是否有更便宜的？
		4. 这些材料的质量怎么样？ 有什么替代产品吗？
6	关键因素检查	1. 解决问题计划中确定的关键因素，通过问题解决过程的验证是否确定准确？
		2. 在实施计划的关键环节中，自己的行为是否正确？
		3. 在实施计划的关键环节中，有什么可以改进的地方？
7	环境因素检查	1. 解决问题中是否考虑到了环境的因素？ 对其是否采取了适当的预防措施？
		2. 对于环境因素所采取的预防措施是否妥当？
		3. 在解决问题中有没有考虑到人文环境的因素？ 考虑得是否充分？ 对人文环境因素的把握是否准确？

在现实生活中，每一个问题解决后的效果、检查的要求和重点是不一样的，不能完全照搬。再者，世界上的事情也不可能十全十美，只要问题解决后达到了主要的目的，完成了解决问题前设定的目标，也就可以了。

行动力！ **行动**：让我们一起来检查

【活动】检查"校厕改造"问题解决后的效果

以案例"校厕改造"为例，运用列表检查法对执行与实施的结果进行全方位的检查。尽管在实际工作中可能检查的主要任务是验收工程实施后的结果，但为了全面起见，也为了帮助你总结计划制订与计划实施的经验，你可以采用列表提问法进行比较全面的检查。请你自拟标准填入表7-1-2中，并组织检查。

表7-1-2　　　　　　　　　运用列表提问法检查

1	结果检查	
2	过程检查	
3	人的因素检查	
4	财务因素检查	

续表

5	物料因素检查	
6	关键因素检查	
7	环境因素检查	

列表检查有很多好处，能提醒你不要忘记一些需要检查的主要方面。在实际应用的时候，你还可以根据具体问题的状况，对列表中的问题进行适当的修改，不一定每个步骤都照搬照抄。

第二节　跟踪结果　做出鉴定

目标：跟踪问题解决后的结果

在现实生活中，有些问题解决后当即就能知道效果，得出结论；但有些问题初步解决后，往往还需要一定时间进行跟踪，了解到底是否已经完全解决，在此基础上才能做出最后的鉴定结论。

通过本节的学习和训练，你将能够掌握：

1. 学会在问题解决之后对结果进行跟踪。

2. 掌握问题解决后各类反馈信息的搜集方法。

3. 注意检查问题解决结果与问题解决目标之间是否存在差异。

任务：搜集问题解决后的反馈信息

以第一节案例为例。在某建设施工队按时交工、学校管理人员对工程的质量进行了验收、校领导对施工的结果感到基本满意之后，按施工合同结清90% 的工程款，另留 10% 的工程款作为半年的质量保证金。这是在工程施工中跟踪结果的一种常用的做法。

其实，在这个案例中，需要进行跟踪的不仅是施工的质量，更重要的是要跟踪"校厕改造"问题解决后，学校其他员工和校领导有什么反应。另外，校厕经过改造后是否更加卫生、美观、节水，学生下课后是否还会出现拥挤排队的现象等都需要进一步观察，然后才能对"校厕改造"这个决策的正确性及施工质量等方面做出最后的鉴定。

这就是你在问题初步解决后面临的新任务。

准备：问题解决后的鉴定评估方法

一、谁会对结果做出评估

我们说，当一个问题解决后，与该问题相关联的人都会关心问题解决后的结果。具体地说：

1. 解决问题者要关心问题解决后的结果，以便总结自己解决问题的经验。比如校厕改造问题，制订方案的部门及个人就会关心改造后的情况，以便衡量方案的正确性。

2. 对于某个组织（领导），你解决问题的结果直接关系到组织（领导）的利益，尤其是那些领导直接交办的事情，领导自然会关心问题解决后的结果。

3. 与该问题有关联的群众。有些问题的解决牵涉到别的人与事，关系到某一部分人的利益或者方便，与此问题相关联的人自然就会做出相应的效果评估。比如，食堂饭菜质量问题的解决、校厕改造问题的解决都牵涉到不少人的利益，相关联的人在使用过程中自然会做出评估。

当然，最重要的还是组织或领导对该问题所做的评估，因为这会直接关系到当事人的各种利益。

二、领导如何做评估

既然领导的评估是最重要的，你就要先了解一下领导一般对下属的工作是怎样进行评估的。总的来说，领导对下属解决问题结果的评估，大致会运用如下方法：

1. 印象评估法

印象评估法是领导最简单也是最常用的评价方法。它是根据领导对下属日常工作的印象做出的一个总结性评价。具体到一个问题的解决，有的评价可能比较客观，有的可能带有领导个人的主观喜好甚至偏见。尽管这种做法对下属来讲有些不公平，但却存在于现实之中。因此，你在面临领导的评价时必须有所认识，有所准备。

2. 目标、指标评估法

这是一种比较客观的评价方法，它的要求是：在评价前，先拟定评价的指标或者设定解决问题要达到的目标，然后进行比较评价，从而得出相对客观的结论。

3. 360 度评估法

所谓"360 度评估法"，是领导对下属解决问题的结果进行评价前，先做比较全面的调查，包括对被评估者解决问题过程中涉及的同事、服务对象（或客户）等方面的调查，在听取各方面意见之后，再做出客观公正的评价。

三、自己应当如何对结果进行评价

方法一：搜集结果信息

当一个问题解决后，到底解决得怎么样，有时需要持续不断地关注结果有可能出现的变化情况。比如：肿瘤患者在切除肿瘤后，到底结果怎么样？

是良性肿瘤则罢，若是恶性肿瘤，其恶性细胞有没有转移的迹象？需不需要化疗？化疗一段时间后，医生检查确定所有恶性细胞已被杀死，还要定期去复查，等等。这些都需要对病人的病情持续观察一段时间后才能下结论。这就是一个搜集结果信息进而做出评价的案例。

方法二：调查有关人员

有些问题解决的结果，往往体现为有关人员的满意度。这就需要对有关人员进行调查，看他们对处理的结果是否满意。比如，某小学原来学生家长对布置作业量过多的投诉率很高，该校变应试教育为素质教育之后，学生家长的投诉率明显降低，家长满意度显著提升，这就体现了家长对该学校解决教学手段以"量"变"质"的能力问题的评价。该学校教师可以通过调查有关学生家长，听取他们的评价，从而不断提升自我创新能力。

方法三：采用求同观察检验法

有些问题是在一定的社会条件或者自然条件下出现的。这些问题是否解决了，要放到同样的条件下去检验，才能得出鉴定的结果。如果不放到同样的特定条件下去检验，往往看不出有什么问题；而一旦放到某种特定的条件下，问题马上就会暴露出来。所以，分析这一类问题是否真正得到了解决，就应当采用求同观察检验法。比如，楼顶在暴雨季节老漏雨的问题，雨季过去后就无法进行检验，只有到了来年雨季来临的时候，才能做出到底是否修好了的鉴定结论。

方法四：运用调查问卷

有些社会问题出现后，当事人采取了应急措施进行解决，但处理的方法是否正确，是否达到了解决问题的目的，往往需要经过一段时间的检验。这种社会的检验，通过社会调查才能反映出来，才能做出客观评价。有些问题的解决，甚至需要相当长的一段时间才能做出相应的评价。越是重大的社会事件，越需要在时间的长河中经过沉淀后才能做出历史的评价。了解问题解决后的效果，可以采用调查问卷的形式。选择调查对象，收集主要信息，做好信息分析，对问题解决的结果做出评价。如每年中央电视台举办的"春节联欢晚会"到底演出效果如何，中央电视台往往采用问卷调查的方法（包括电话询问）收集反馈意见。

方法五：列表提问评估

这种结果评定鉴定方法的最大优点是方便、快捷，有助于我们在日常工作和生活中对解决问题之后的结果进行跟踪与评价。（结果检查评估如表7-2-1所示）

表7-2-1　　　　　　　　问题解决后的结果检查列表

	问题解决的结果评估				
	好	较好	一般	较差	差
问题解决的最终结果是否达到了目标					
问题解决的过程是否具有创新性					
问题解决的成本控制如何					
问题解决中的团队协作如何					
问题解决中涉及的有关方面是否满意					

该问题解决的总体鉴定意见：

鉴定评估人：

日期：

问题解决的目标是什么	

行动力！ **行动：** 让我们一起来做鉴定

前面介绍了几种结果评定与鉴定的方法。下面我们一起来行动，把这些结果鉴定方法运用到对问题解决的反思与总结之中。

【活动一】公司员工上下班交通问题解决后的检查

【案例】

小王在某医院车队办公室负责单位的车辆调度工作。新年开始，单位招聘了20位新员工，原有的6辆大巴接送员工上下班不能适应新的需求：一是300多位员工全部坐单位大巴上下班，座位不够；二是单位虽在市区中心地段，但把分布在周围 5 个区的员工 300 多人全部接上和送到，按时上下班，显然不可能；同时燃油不断上涨，有些员工住地较远，为几个员工绕很长的线路成本太高也不划算。车队长一方面向医院领导打报告请求增添 1 辆大巴，增开 1 条班车线路，同时叫小王根据新的班车数和员工的分布情况，设计一个新的上下班班车线路和员工自行解决上下班交通问题的车补方案，在征求员工意见并经领导批准后组织实施。队长要求：1.接送线路单程控制在 1 小时内，即员工住地最远者坐车时间不能超过 1 个小时； 2.优化线路，尽可能让更多的员工坐单位的班车；3.分区段补助自行解决交通问题的员工车（油）费。

　　小王经过广泛征求意见，设计好班车线路方案和车补方案，得到领导批准，3 月份起启用新的上下班交通解决方案。经过 2 个月的运行，车队要对解决员工上下班交通问题的新方案效果进行评估。

　　新的上下班交通方案的实施，解决了员工上下班拥挤和不在线路上的员工因无法坐上单位班车而有意见的问题，但需要对这个问题的解决结果进行跟踪与评定。怎么评定呢？为简单方便起见，可以运用列表提问法。（见表 7-2-2）

表 7-2-2　　　　　　　　　　问题解决后的结果检查表

	问题解决的结果评估				
	好	较好	一般	较差	差
问题解决的最终结果是否达到了目标					
问题解决的过程是否具有创新性					
问题解决的成本控制得如何					
问题解决中的团队协作如何					
问题解决中涉及的有关方面是否满意					

该问题解决的总体鉴定意见：

鉴定评估人：
日　　期：

问题解决的目标是什么	

【活动二】"校厕改造"问题解决后的结果检查

讨论：

1. 如果从领导的角度来评价具体经办人小张的工作，应当选择什么样的方法？从哪些角度进行评价？

2. 从小张自己的角度来对该事件进行反思与评价，应当采用什么样的评价方法来评价最好？

应用列表提问法对该案例的解决结果进行跟踪评价。

评估：你是否知道如何对结果做评价

一、回答问题，自我评估

1. 当一个问题解决后，为什么要对结果进行跟踪？

2. 当一个问题解决后，为什么要对结果进行评价？

3. 对结果进行的评价一般来说来自哪几个方面？

4. 领导对解决问题的结果评价一般有哪些方法？

5. 自己可以用哪些方法评价结果？

二、分析案例，练习结果评估的方法

请运用列表提问法，对案例中两位服务员解决问题的工作进行评定。

【案例】

如何妥善处理醉客的无理要求

三月初的一个夜晚，夜里两点钟左右，一名醉醺醺的客人在一位衣着十分暴露的小姐陪同下乘的士回到酒店。就在客人到达所住楼层、尚未开门之际，值班保安及时赶到。保安："小姐，请问是一起的吗？"小姐："是。"保安立即致电前台查询2712房间客人登记情况。保安："小姐，对不起，您不可以入住。"那位客人十分不高兴，可那位小姐并没吱声，反倒有点紧张。保安十分客气地说："先生，真对不起，您只登记了一人，不可以男女二人同室的，这是公安部门的规定，请谅解。"那位客人一听更恼火了。

这时，大堂副经理面带笑容来到他们面前，对那位小姐说："小姐，您好！

您没有履行登记手续，可否拿您的身份证和其他有效证件登记一下？"那位小姐一看难于蒙混过关，便立即说道："对不起，我只是看他喝多了，才送他回来的。"说完便把钥匙塞给那位客人，溜之大吉了。可这时那位客人却着急地大喊道："我的钱！"保安见状立即上前阻止："小姐，请留步！"只见那位小姐三步并作两步返回，将一叠百元钞票塞到客人手里，急忙离去了。

次日早上9点钟，客人刚一开门，楼层服务员满面笑容地走过来对他说："早上好！请您稍等，我们经理要见您。"酒店经理带着客房部经理捧着一束鲜花笑盈盈地走过来，握着客人的手说："请您能够理解，这是我们送给您自助餐厅的免费早餐券，希望您到广州能够常住我们酒店。"这时的客人才恍然大悟，笑着对两位经理说："不好意思，不好意思。一定，一定。"

第三节 利用经验 改进方法

目标：总结经验，以利再战

智慧来源于对实践的总结。毛泽东主席主张从战争中学习战争，他说："一切战争指导规律，依照历史的发展而发展，依照战争的发展而发展，一成不变的东西是没有的。""如果计划和情况不符合，或者不完全符合，就必须依照新的认识，构成新的判断，定下新的决心，把已定计划加以改变，使之适合于新的情况。" 正因为毛主席善于总结经验，在领导中国人民进行民主革命和反对外来侵略、建设新中国的过程中，不断正确地解决了一系列重大的战略和战术问题，从一名普通的师范毕业生成为划时代的新中国领袖。

通过本节的学习和训练，你将能够掌握：

1.总结与反思的方法。

2.如何利用经验提高自己。

任务：全过程的反思与改进

在问题解决后，我们需要反思解决问题的全过程，以便总结经验，不断提高解决问题的能力。问题解决成功了，总结成功的经验；失败了，"吃一堑，长一智"。因此，我们说经历是人生的财富，人的不断进步正是在总结经验、反思教训中实现的。总之，解决问题的高手都是经过历练并善于总结自己的经验、借鉴别人经验的智者。

以第一节案例为例。管理人员小张提出的解决问题的方案得到采纳，并且解决了校厕改造问题，领导评价总体上不错，群众的反应也较好。如果小张能从这次成功解决问题的实践中总结经验，或者反思其中的某些失误，对他以后解决类似问题就会有很大的帮助。

准备：如何进行全过程总结反思

对已经完成的解决问题的全过程进行总结和反思，是提升解决问题能力最重要的途径。"从战争中学习战争"，是学习的一种重要方法。

我们一般把回顾成功的过程、提炼经验叫"总结"；把对失败经历的回忆、总结教训叫"反思"。不管是总结还是反思，目的都是为了提高解决问题的能力，增强以后解决问题的效果。特别是一些重大问题的解决，一些重大事件的经历，通过回顾总结和反思，对于自己工作能力的提高，对于人生的进步，都有非常大的意义和价值。在总结反思中，可以运用列表法进行自我总结分析，其内容大致如表7-3-1所示。

表7-3-1　　　　　　　总结反思——列表提问法

	问题举例	结果评论
目标方面	我要解决的问题是什么	
	我要解决问题的关键在哪里	
策略方面	我解决问题采用了哪些策略	
	这些策略正确吗	
	这些策略的欠缺在哪里？哪些地方可以改进	

续表

方法方面	我采用了什么方法来解决这个问题	
	还有没有更好的方法	
	其他人有没有提过别的方法？其优缺点是什么	
原因方面	我当时基于什么理由这样做	
	现在看来这些理由是否成立	
	当时还有哪些理由没有考虑到	
动机方面	我解决问题的动机是什么	
	我的这些动机正确吗	
	这些动机还会带来哪些结果	
计划方面	我制订的解决问题计划的优缺点各是什么	
	有哪些重要的因素在计划中没有被考虑到	
	今后制订计划的时候要注意什么问题	
实施方面	解决问题过程中我的哪些行为值得肯定	
	解决问题过程中我在哪些方面努力得还不够	
	解决问题过程中我的哪些行为不正确	
沟通方面	向领导请示方面我是否做得够好	
	我是否充分注意到了对领导的尊重	
	我说话的语气语调是否妥当谦和	
协作方面	有没有引起别人的反感或者不快	
	在与谁合作的时候做得比较好？好在什么地方	
	在与谁合作的时候，在什么方面做得不太好	
结果方面	问题解决后的结果怎么样	
	别人对结果的评价如何	
总的方面	解决问题过程中我的主要优缺点是什么	
	解决问题过程中我受到的主要启发是什么	

上表列举的问题都是需要反思的问题，虽然有些是举例性质，但一般情

况下应当说是比较详细了。其中表中首个问题是应当进行反思的主要问题。当然，每个人对于不同问题的总结，可以从不同的角度、根据不同需求进行，不必拘泥于一种模式。列表可以让我们比较全面清晰地思考、总结，能较好地得出自己的经验，找出自己的不足，以利于改进提高。

行动力！ 行动：让我们一起来总结经验

【活动一】"校厕改造"问题解决后的总结反思

我们还是以"校厕改造"问题为例，一起来进行反思，看看如何通过反思来改进我们今后的工作。

我们还是用"总结反思——列表提问法"一起来进行反思。请仿照"准备"中所列的几个方面，填写准备总结的一些问题，开展总结。

同组的同学自拟问题，然后小组交流，比较一下，看谁的总结最有成效。

表7-3-2　　"校厕改造"问题解决后的总结反思表

	具体总结的问题	结果评价
目标方面		
策略方面		
方法方面		
原因方面		

续表

动机方面		
计划方面		
实施方面		
沟通方面		
协作方面		
结果方面		
总的方面		

【活动二】分析案例，帮助刘洋总结反思

【案例】

辞退他，对吗？

刘洋是某外企经理，现在有个问题令他很困惑：有一个下属是他的老乡，当初是刘洋招进来的，但是进单位一年了，做什么都不行，还经常给他带来麻烦。刘洋有心让他走，但考虑到他太年轻，不忍心这么做，也担心他离开这里后很难再找到合适的工作。如果把他留在这里，又怕这位老乡永远都不会有长进。经过思考后，刘洋先找单位人力资源部经理谈，征求他的意见；然后又找他的这位下属谈，给他施加点压力，告诉他，给他 6 个月的时间，如果表现依然如此，就将辞退他。6 个月之后，这位下属的改进不明显，最后只好将其辞退。

现在对这个问题的解决过程进行总结反思：刘洋辞退这位下属的做法是否正确？利弊得失是什么？

评估：你是否学会了反思

一、回答问题，自我评估检查

1. 问题解决后为什么要进行总结反思？

2. 应当从哪些方面进行总结反思？

3. 要总结反思的要点有哪些？

二、小组分析案例，讨论下面的问题

【案例】

国庆期间是结婚的高峰期，几位客人出现在济南某大饭店的总台前。总台服务员小张是个新手，他查阅了一下订餐登记单，马上简单地对客人说："你们预订了 18 桌酒席，在较小的 6 号厅。" 客人听后脸色陡然大变，很不高兴地说："我们预订婚宴时，你们曾经问过我们要订多少桌，我们明明说好 26 桌，怎么现在变成了只能容 18 桌的场地了呢？"小张仍用呆板的毫无变通的语气说："我们这几天场地特别紧张，今天已经没有再大的场地了，当时你们预订时已经跟你们说过了，你们也同意了的。" 客人听罢更加恼火，大声讲："你们要解决婚宴问题！我们根本没有兴趣也没有必要去追究预订桌数差错的责任问题。"这事儿该怎么处理呢？

该案例中的小张解决问题的方法有什么问题？什么地方值得改进？ 如果你是小张，如何总结反思这个问题的处理方式和结果？ 解决这类问题的经验对同类型问题的处理是否有价值？

小组讨论，组长评估或请教师点评。

评估要点：

1.是否指出了所要解决的问题？

2.是否抓住了问题的要害？

3.解决问题的策略是什么？

4.解决问题的结果是否令相关方面比较满意？

5.从这件事情中你得到的启发是什么？

第八单元 验证方案 改进计划(二)

能力培训测评标准

调整或改进解决问题的方案时，要做到按照可靠的办法检查问题是否得到解决，并对解决问题的方法适时做出总结和修改。

在检查问题是否得到解决时，能够：

1. 理解检查出的问题是否得到解决的方法（如澄清情况，对事态的发展状况及解决问题的过程做出说明）。

2. 正确地实施检查（如进行测评、观察、测量或核查等）。

3. 说明检查结果（如对每个解决问题的步骤做出结论）。

4. 解释解决问题每个阶段采取各种方法的原因（如工作方法和选择方案的原因、改变调整计划的原因等）。

5. 说明在解决问题的各个阶段采取措施的成功与不足之处（如在有效时间和相关资源条件下是否延误）。

6. 在总结经验的基础上，说明如果遇到同样问题是否有不同的解决方法。

本单元有以上六个技能点，分三节进行训练：

第一节 "确定方法 实施检查"。

第二节 "说明结果 解释原因"。

第三节 "利用经验 解决新问题"。

本单元的内容是对现有的问题解决的经验和方法的总结，目的在于提升我们的经验，扩展我们的经验的使用领域，应用已经获得的解决问题的方法去解决工作和生活中出现的类似问题。工作的过程就是一个不断地解决各种问题的过程。我们要积累解决各种问题的经验，不断地使自己成为一个解决问题的能手。

本单元学习的目的是在检验问题的解决方案到底是否成功的基础上，对问题解决的方法和结果进行评估与鉴定，并能在此基础上总结经验，提升自己解决问题的能力。

我们知道，反思和总结是解决问题中一个重要但是又经常被人们忽略的步骤。反思和总结主要有三个目的：确定解决问题的有效性、先进性和合理性；向项目资金提供者或上级主管部门说明方案执行情况；总结解决问题的经验与教训。因此，我们对解决问题的反思和总结主要体现以下三个方面：一是问题解决的效果；二是问题解决的过程；三是解决问题的经验和教训。

第一节　确定方法　实施检查

目标：掌握检查的方法

有些问题，我们很容易知道是否得到了解决以及解决的效果如何；有的问题有很明确的指标，也容易知道问题是否得到解决。比如，解决产品质量下降的问题，要知道措施是否有效，只要看产品质量指标是否提高即可。但更为复杂的问题，就不能直观地看出问题解决与否。

我们对解决问题的效果进行评估不仅是检验解决问题的方法是否有效，还给当事人提供了一个反思总结的机会。评估并非要到项目结束之后才进行，在项目设计时就要制订评估指标，建立评估系统。评估不仅是为了检验解决问题的结果，更重要的是在评估的基础上对项目提供支持并不断地加以改进。因此，在评估过程中，除了对解决问题的结果进行评估之外，还需要对解决问题的过程进行分析，对事态的发展状况及解决问题的过程做出说明。

通过本节的学习，你将能够：

1. 掌握检查问题与解决问题的方法。

2. 能够正确地实施测试、观察、测量或核查。

3. 能够解释检查结果。

任务：评价问题解决的效果

在前述某单位食堂改造的问题解决中，单位食堂 IC 卡已经投入了正式运行，但是时间比预期晚了一个月。职工们慢慢习惯了这种买饭方式。有人说 IC 卡的使用大大减少了本单位职工买不上饭的现象，而且本单位食堂的经济压力也明显减轻。同时，也有人认为，虽然 IC 卡制度使得每个人每天中午只能刷一次卡，但有效解决了外单位人员来蹭饭的问题，使单位对食堂的补贴能够真正用到职工身上。

经过前面的努力，食堂秩序混乱的问题基本上得到了解决。在写总结报告时，王科长要陈述 IC 卡方案实施后是否真的解决了买饭拥挤和食堂亏损的问题，职工对这个解决方案的满意程度如何等。王科长应该用哪些指标来说明解决问题的结果？如何获得这些指标的数据？如何根据数据解释结果？如何判断问题是否得到解决？

准备：评估问题解决效果的方法

解决问题的方案开始执行时，你就应该开始进行评估。根据执行的时间和内容的评估，方案可以分为两种：一种是对解决问题的过程进行分析说明，这类评估起始于计划实施，贯穿于计划执行的全过程，称为过程评估；一种是对方案实施后的状态进行评估，主要评估近期目标、中期目标和远期目标实现的情况，称为结果评估。本节主要讨论第二种评估，即结果评估。下一节再讨论过程评估。

在第一单元第一节中，我们曾经学过应尽可能地制定明确、可以量化的解决问题的目标，这不仅有助于寻找解决问题的方法，也能够更清楚地知道问题是否已经解决。以"就业率"的问题为例。问题解决的目标是"使第一职业学校学生的就业率提高到至少与第二职业学校学生就业率相同的水准"。如果经过努力，第一职业学校学生就业率从70%提高到了85%——与第二职业学校学生就业率相同，这就表明所采取的措施有效，达到了预定的目标。但是如果经过一段时间的努力，第一职业学校学生的就业率虽然提高了不少，达到了80%，但仍然没有达到预定的目标（与第二职业学校学生就业率相同的水准——85%），那么问题仍然没有得到解决。"问题基本得到了解决""问题得到了很好的解决""问题仍然没有得到很好的解决"等结论性意见就是我们在问题解决后所下的评估性结论。

下面，介绍确定解决问题是否有效的方法和步骤。

一、确定检查方法

1.前测和后测

我们对结果评估的重点是说明解决问题之后的状态。为了说明解决问题是否有效，应注意记录方案实施前的状态，以便与方案实施后的状态进行对比。在第一单元里我们曾经讲到，要确定问题的当前状态需要收集信息，实际上这是一种前测的方法。你开始思考问题的时候，可以使用粗略的收集信息的方法。但是，当你开始解决问题时，最好使用设计好的评估方法进行前测，以便与解决后的状态进行比较，使解决后的结果能够更有说服力。

我们讲的前测是在计划实施之前就应该考虑的问题，而后测是解决方案完成或者执行到一定阶段的时候进行的。为了能够比较，需要使用同样或者类似的方法收集数据。例如，有顾客抱怨某旅行社的导游服务不好，旅行社决定采取措施。怎样说明采取的措施取得成效了呢？显然应该比较措施实施前后顾客对导游服务的满意度。可以在措施实施之前和之后分别进行调查，也就是进行前测和后测，然后对比两次调查的数据，说明问题是否得到了解决。

2. 测量方法

评估指标可以分为客观指标和主观指标两类。客观指标主要指解决问题之后观察到的客观变化，比如食堂制度改革以后食堂的秩序、食堂的经济效益。主观指标主要是指解决问题之后与问题直接相关人员的心理感受，例如食堂改革之后职工的满意程度。

（1）主观指标

根据评估使用的方法，评估可以分为定性评估和定量评估两种。常用的定性评估的方法有焦点问题小组座谈、深度访谈、观察法、追踪了解情况等。常用的定量评估方法主要是问卷调查法。以下是几种常用的评估方法：

①焦点问题小组座谈。由一个经过训练的主持人以一种自然的形式与一个小组的被调查者交谈，主持人负责组织讨论。小组座谈的主要目的是获得用户对某个产品或者项目计划实施情况的看法。这种方法是用户体验研究中常用的方法。一个小组一般由 2~8 人组成，一般需要采访 2~4 个小组。

②深度访谈。深度访谈是通过对被访者进行深入访谈，以揭示被访者对某一问题的潜在动机、信念、态度和感情。深度访谈是直接的、一对一的访问。一次深度访谈可能要花上 30 分钟甚至 1 个小时以上的时间。在进行访谈时，虽然访谈员事先有一个粗略的提纲并试图按照提纲来采访，但在问题的具体措辞和顺序上要按照被访者的反应来灵活实施。为了获取有意义的、能揭示内在问题的信息，访谈技术是十分关键的。

③问卷调查法。也称"问卷量表法"，是针对用户群的数量庞大且目标比较明确的产品而采用的一种调查方法。应根据心理统计和测量学的要求，按照目标编制问卷和量表，收集最真实可信的问卷量表数据，并进行科学的统计分析。

（2）客观指标

客观指标相对主观指标来说，在收集方面更为简单。一般有两种类型的客观指标：一种是已经收集上来的数据，你只需要向有关部门询问即可。例如，某职业学院最近有一个班的学生学习积极性下降，班主任认为这个问题在学习成绩上就能够反映出来，而学习成绩是由教学主管部门负责统计的。收集这类数据，你只需要找到相关的部门，经过查找即可获得。还有一种类型的数据没有相关部门提供，必须通过观察、测量等方法获得。例如，某河流遭到污染，到底污染程度有多重，你需要对具体的污染情况进行测量。这些指标，你需要与行业专家进行讨论，确定测量方法。

二、实施检查或测量

检查方法确定后，就可以组织实施、收集数据了。在这一过程中，需要注意以下问题：

1. 测试过程要严格控制

主观指标的测量要注意除了问卷之外，还包括管理者说明、访谈员说明、记录纸和可视辅助材料等。除此之外，对过程的控制也包括调查对象数量的控制、问卷的分发与回收、回收问卷的审查，还要谨慎选择测试样本。

2. 选择合适的样本选择方法

样本的选择有很多方法，主要可以分为概率抽样和非概率抽样两类。

概率抽样是从调查研究的总体中根据随机原则来抽选样本。概率抽样调查有三个突出特点：按随机原则抽选样本；总体中每一个单位都有一定的概率被抽中；可以用一定的概率来保证将误差控制在规定的范围之内。

非概率抽样是指抽样时不遵循随机原则，而是按照研究人员的主观经验或其他条件来抽取样本。这与人员的经验和主观意志有很大关系。因此，非概率抽样在应用时更需研究人员具备深厚的背景知识与相关经验。

虽然概率抽样的结果明显优于非概率抽样，但实际的调查中往往无法达到经典教科书中概率抽样方法的要求。因此，实际应用中通常将两者结合使用，非概率抽样是对概率抽样的一个很好的补充。

三、说明检查结果

通过测试收集数据以后，需要对数据进行解释。解释数据结果需要注意以下几个问题：

1. 在解释结果之前，要了解方法可能造成的结果的差异

有些问题涉及的因素很多，情况复杂，此时结果受调查方法尤其是抽样方法的影响就会相当大。通常这样的分歧出现在市场占有率、用户满意度等

涉及范围较广的指标上。我们在报纸上往往能看到两个公司对调查数据的差异存在争议。例如，曾经出现过的长虹和 TCL 的彩色电视机市场占有率第一之争，恒基伟业和名人的 PDA 第一之争，自友、金碟、速达的市场占有率之争，联想、DELL 的台式电脑市场占有率之争，新浪、搜狐之争，可口可乐、百事可乐的口味之争等。对于解决问题的人来说，你需要做的是从数据中获得有价值的信息。因此，必须选择客观适用的方法进行调查，在解释数据时要清楚地说明所采用的调查方法，以便其他人了解你所解释的结果的适用范围。

2. 处理原始数据

用统计学的方法处理数据，可以使原始数据从难理解变成易理解，并从原始数据的偶然性中揭示出隐藏的某些必然规律。用统计学处理原始数据时，首先要通过分组将原始数据重新排列，制作频数表，然后算出平均数或百分率，并用显著性检验所得的 P 值来判定其组间差异的意义，以获得包含在原始数据中的信息。

3. 用文字或统计图表将它们表示出来

结果的表达形式有表、图、文字三种。统计图比统计表更便于理解与比较，但从统计图中不能获得确切数字，所以不能完全代替统计表。常用的统计图有直条图、圆形图、百分直条图、线图、直方图、散点图等。直条图利用直条的长短来表示按性质分类的各种资料的数值；圆形图和百分直条图适用于百分构成的资料，表示事物各组成部分的构成情况；线图和直方图用于按数量分组的资料，如时间、年龄、身高、体重等有连续性的指标；散点图用以表示两种事物的相关性和发展趋势，一般横轴代表自变量，纵轴代表因变量。文字表达要求简洁明了，和图表表达不相重复，力求用最少的文字、最简洁的语言把结果表达清楚。文字表达应当是要点式叙述，可分几项撰写，每一项报告一组数据，使读者一目了然。图表的表达应符合统计学的规定。

4. 说明解决问题的结果

检查结果出来之后，就要根据检查结果对解决问题的效果做出结论。我们要回答的是：问题是否真正得到了解决？我们可以将解决问题之后的目标状态与原来的状态进行比较，如果解决之后与解决之前有显著差异，那么说明我们解决问题的措施收到了一定的成效，但并不能说明就真正解决了问题。

各种指标要达到确定的目标状态，问题才算真正解决了。

比如第一职业学校学生就业率问题，在问题出现的时候该学校学生就业率为70%，如果在经过一段时间的努力后，虽然学生的就业率升到了80%，但是仍然没有达到预定的正常就业率，那么我们可以说该学校在解决学生就业率不高的问题上虽然有了一定的成效，但仍然没有达到正常的水准。该学校在提高学生就业率上还应当继续寻找原因，继续提高就业率。这就是我们对该学校解决学生就业率问题所做的文字性评估。当然，应当说明的是在本案例中该学校已经找到了导致学生就业率不高的根本原因，并且已经将学生就业率提高到了正常水准，那么我们如果要对该学校解决该问题的状况进行评估的话，就应当得出"问题已经得到了有效解决"的评估结论。

行动力！ 行动：实施检查　评估结果

【活动一】分析案例，检查食堂改造的效果

王科长准备评估使用IC卡的效果。根据这个问题的解决目标，改变食堂拥挤和减少食堂亏损的情况是评估的重点。此外，职工对这项制度改革的满意程度也是一项重要的评价指标。王科长针对这三个评价目标，分别选择了不同的检查方法：

第一种：改变食堂拥挤情况的目标。通过食堂工作人员记录进入食堂的用餐人数，计算某一个时间段内的平均人数。为了确保检查结果的有效性，他要求连续统计一周。

第二种：减少食堂亏损的情况。根据食堂的日营业额，计算单位对食堂的补贴真正用到职工身上有多少。与第一种方法一样，王科长要求连续统计一周。

第三种：职工满意度评价。王科长决定使用访谈和问卷结合的方法。制定问卷，在全厂发放，收集更多职工的意见。王科长将这些计划交给后勤科的小陈去实施。小陈制订了一个深度访谈的提纲：

1.你认为采用新制度之后，食堂的拥挤状况是否有所改变？

2.新制度是否使你买饭的方式发生了变化（如更快、更省时等）？

3. 你认为新制度能真正体现单位对职工的补贴吗?

4. 你对新制度最满意的是什么?

5. 你对新制度最不满意的是什么?

小陈首先寻找十几名不同部门的职工,根据以上提纲向他们询问对新制度的看法。根据访谈的结果,他设计了一份问卷,并在全厂发放,收集数据。最后,小陈统计了数据结果,发现食堂每天的营业额比以前增加了 1/3。从调查问卷的数据来看,职工普遍认为食堂比以前有秩序了,75% 的人认为新制度比旧制度好,只有 12% 的人认为旧制度比新制度好,10% 的人认为两种制度差不多,79% 的人认为这项改革有利于减轻单位和食堂的压力。调查结果充分说明:食堂计费制度的改革是成功的。

【活动二】评估弱激光眼睛治疗仪的使用效果

用什么方法评估这种工具?应该采用哪些指标?如何进行统计?

【案例】

弱激光眼睛治疗仪是由某公司专门针对弱视疾病而研发、生产的高科技激光医疗器械。本产品针对弱视发病原因,依太阳光促进眼睛发育机理、红光治疗机理、弱激光生物刺激机理、细胞获能与细胞更新周期机理等对患者施治,从而达到治疗目的。产品特点: 1. 本产品是针对弱视病因研发而成的。2. 弱视疾病主要病因是眼睛光感刺激不足而引起视网膜色素上皮细胞及黄斑区视锥细胞发育不良,为此本产品精心选用 635nm 的红色弱激光,从而达到治疗目的。3. 本产品科技含量高,对眼睛无伤害。4. 本产品使用简单,具有疗效好、成本小、安全可靠、轻巧方便、易于携带等特点,适合家庭、医院对青少年弱视进行治疗。

评估: 是否掌握了检查的方法

分析案例,自我评估。

【案例】

和面机好用吗?

某厨具生产厂经过调研,发现很多人抱怨过年包水饺时手工和面太麻烦。

为了解决这个问题，该厂生产了一种新式和面机。

应该用哪些指标来说明这个问题的解决结果？应该如何获得数据？

提示：

1. 应选择客观指标还是主观指标？

2. 主观指标选用哪种评估方法？为什么？

3. 设计一份深度访谈的提纲和一份调查问卷。

4. 应选取哪些人作为调查对象？

5. 在调查过程中应该注意哪些问题？

6. 能用统计表、统计图和文字说明检查结果吗？

第二节　说明结果　解释原因

目标：学会说明结果、解释原因

解决问题的方案实施以后，除了要对解决问题的结果进行评估以确定问题是否得到了解决之外，还需要对这个方案以及实施方案的过程进行评估，并分析在解决问题的过程中各个阶段的成功和不足之处。例如，说明某一步骤为什么选择某种工作方法或者方案，计划是否有调整，为什么调整，计划是否有延误等。

通过本节的学习，你将能够：

1. 回顾解决问题的每个步骤，对每个步骤的决策做出解释。

2. 总结每个阶段的成功和不足之处。

3. 撰写项目总结报告。

任务：回顾并解释解决问题的过程

在上一节里，王科长已经使用各种检查方法获得了项目实施结果的数据，这仅仅是项目总结的第一步。如果从获得的数据来看，项目获得了成功，但还需要对项目的实施过程进行进一步的反思和总结。需要思考：项目为什么能够成功？项目在执行中是否仍然有值得改进之处？项目在执行过程中是否对计划进行了调整？调整的原因是什么？

如果从获得的数据来看项目没有取得成功，那么就需要反思：项目失败的原因是什么？每一个步骤成功与否？哪些步骤是导致整个项目失败的原因？

对解决问题的过程进行总结时，要学会将这些总结用书面的形式呈现出来，以便上级或者其他相关人员对项目实施的过程、结果和经验教训一目了然。

准备：总结解决问题过程的方法

这一节，主要针对评估的过程进行总结，即对解决问题的过程进行分析说明并撰写总结报告。过程评估最好在每一个阶段结束时进行，即根据每一个阶段的进展情况，仔细检查原定计划的执行情况，查找方案中是否存在错误或者考虑不周的地方。为了能够更好地发现潜在的问题，经常集体讨论方案的假设和逻辑非常必要。

一、澄清解决问题的每个步骤，解释每一步决策的原因

1.澄清解决问题的每个步骤

我们在制订解决问题的计划时，可能已经将每一个步骤和完成每一步的时间都列出来了，但是在执行过程中，这个计划的时间、步骤、方法可能变动了多次。每一次变动，我们都应该在原有的计划表上记录。为此，我们要将每次执行计划的记录整理出来，再用列表的方式表示。（如表8-2-1所示）

表 8-2-1　　　　　　　　　　　计划执行表

步骤	执行结果和效果	时间	调整及原因说明

2. 解释每一步决策的原因

表 8-2-1 的最后一栏要填写调整计划的原因。我们在执行计划的过程中，如果发现原计划不符合实际情况就对它进行调整，但要注意尽量不对行动计划做大的调整。偶尔也会出现对整个解决问题的方案进行调整的做法，此时决策的原因非常复杂，我们需要向上级或者拨款单位说明。

通常情况下，可以将原因分为两大类：一是主观原因，包括个人经验、性格特征、计划的合理性等；二是客观原因，包括可用资源、时间、地点、信息、市场大环境等。

二、评估解决问题的过程

这里不是对计划中每个步骤执行情况的反思，而是针对整个问题的解决过程——从提出问题到实施方案的过程——进行反思。我们可以用下面的方法来对照检查：

1. 提出问题阶段

我们对有关问题的信息是否有过质疑？在开始思考问题并寻找解决的方案时，我们寻找了哪些关于此问题的信息？例如：某洗衣机厂家得知有农村的客户经常使用洗衣机来洗地瓜、土豆等农产品，打算设计一款专门用于农村用户的有大排水管的洗衣机。那么，厂家应该收集哪些关于农村工作环境的信息？他们经常用来洗的农产品有多少种？农产品上面有什么样的泥？农村的电力供应情况如何？他们认为现在的洗衣机有哪些问题？这些问题的回答，可以避免设计方案失败。

2. 提出解决方案阶段

我们所设计的方案是否能真正彻底地解决问题？此方案实施的后果是否都

考虑到了？方案有没有错误？是否争论过这个方案的利与弊？方案是否有可以改进的地方？这个方案是否经济合理？是否能满足用户的要求？这个方案安全可靠吗？检查论证的程序与逻辑怎样？我们提出的解决方案是问题能否正确解决的重要步骤，因此对这一步骤的检验至关重要。这就需要认真地回顾问题的解决过程，如果我们发现方案中隐藏的错误就要及时修改。

3. 寻求支持阶段

要最大可能地获得上级和同事的支持，我们就要思考寻求支持的过程中哪部分做得最好，有哪些不足之处，还有什么地方需要改进。

4. 制订计划阶段

我们在制订计划过程中要考虑到意外情况的发生，还要思考时间安排是否合理。

5. 执行计划阶段

我们在执行计划阶段要考虑到临时变更计划的情况，要了解变更的原因是什么，是否存在监管不力的情况。

三、分析成败的原因

我们要知道，分析原因不是根据结果为自己辩解，而是要从客观实际出发分析成败的原因，为以后的工作积累经验。通常，我们在寻找原因时会受个人归因方式的影响。归因方式是指人对行为的原因进行推测与判断的过程。每个人都有自己习惯性的归因方式。归因方式主要包括以下两个维度：一个是归为外部原因与内部原因；另外一个是归为可控原因与不可控原因。外部原因指环境因素，如工作设施、任务难度、机遇等；内部原因是指解决问题的人所存在的内在原因，如计划的详细程度，员工的性格、情绪、努力程度等。可控原因是指个体可以控制的原因，比如努力程度；不可控原因则是指人不能控制的原因，比如天气等。

有些人在为错误寻找原因时，喜欢外部归因，比如其他部门没有很好地配合，这样做可以保护自尊。如归于外部可控因素，比如工作设施不完善，这样可以让个体继续努力改进；如归于外部不可控因素，有些人可能会继续努力工作，但是不会对工作方法有改进。假如归于内部的原因，如果是可控的，比如疏忽大意,这会促使个体以后更加细心;如果是不可控的,例如工作能力,这样会降低自信心,降低以后工作的积极性。

了解人有不同的归因倾向,是为了在寻找问题出现的原因时尽可能客观对待,避免由于习惯方式的影响而忽略某些原因。最好用一张表对照两个维度四种类型列出各个方面的原因。如果有可能,不要一个人进行解释,最好在小组会上讨论,共同寻找原因。

例如,有一位公司经理,面对本公司上半年业绩下滑的情况提出了一系列措施,一个月以后部门的业绩略有回升,但是并不太乐观。公司经理认为这是员工工作懈怠的缘故,他提出公司应该改革薪水制度,提高员工的工作积极性。如果用归因列表仔细分析,可能会发现不同的原因。(见表8-2-2)

表8-2-2　　　　　　　　某部门业绩归因列表

	可　控	不可控
内部	上级跟员工的沟通不够好,没能激发他们的工作积极性	员工的素质太低
外部	几个大客户被竞争对手抢走	整个行业不景气

四、总结经验,撰写总结报告

通过总结,我们可以全面系统地了解以往的情况,明确哪些是应该肯定的,哪些是应该纠正和避免的,从成功中汲取经验,从失败中吸取教训,以便下一步更好地实践。

1. 总结报告的内容

(1)基本情况。基本情况即情况的概述,包括地域、时间、人员、自然条件、社会情况、工作内容、进程、现状等。

(2)成绩和缺点。肯定成绩,找出缺点,这是总结的目的。要重点写出成绩有哪些、缺点有哪些、表现的程度,并分清主流和支流。

(3)经验和教训。对实践中得到的经验和教训进行分析、研究、概括、集中,提高到理性认识,作为今后的借鉴。

(4)存在的问题和下一步意见。包括暂时没有条件解决或没有办法解决的问题，提出下一步解决的意见和措施。

2. 总结报告的写法

一般情况下，一份总结报告包括以下几部分：

（1）标题。标题要简明扼要，清楚地反映总结报告的主要内容，例如"关于XXX企业食堂计费制度改革项目的总结报告"。摘要可以放在最前面，也可以放在最后。它用来说明你如何处理问题，并简要说明你发现的重要结果。通常300～500字就可以了。

（2）介绍存在的问题。介绍存在的问题是什么，为什么这个问题值得去解决，并提供相关背景材料，表述基本问题并讨论、分析，提出解决的思路。

（3）解决方法。具体描述解决问题的方法和步骤，包括涉及的资源、资金、人员及问题解决的结果。

（4）结果讨论。说明为什么结果是这样的，是否和预期保持一致。你应该说明哪些与预期符合，哪些不符合。对整个解决问题的结果做出总结。

（5）经验教训及建议。反思解决问题的各个步骤，说明每个步骤的成功与不足，对以后的工作给出建议。

（6）附注。列出你这份总结报告中参考的所有资料的来源。

3. 好的总结报告的标准

写总结应注意：要掌握全面情况和进程情况，防止以偏概全、挂一漏万。要如实地反映情况，对成绩不夸大，对缺点不掩饰。要科学地分析整个实践活动，从中找出规律。文字要简明扼要，材料要剪裁得体，分清主次轻重，条理要清晰，注意用观点统率材料。

在写作上，一份好的总结报告有以下几个特点：

（1）格式符合要求。

（2）结构符合逻辑。

（3）观点的论述有逻辑性。

（4）适当安排图表。

（5）主题鲜明。

（6）内容清晰明了。

行动力！ **行动：分析总结问题解决的过程**

【活动一】总结前述案例中食堂改造项目的执行情况

从执行计划开始，王科长将解决问题的每一个步骤列了出来，并将每一步执行结果记录下来，说明执行结果、调整的原因。这个项目比原定计划延迟了 1 个月，其分析过程如表 8-2-3 所示。

表 8-2-3　　　　　　　　　　执行过程及调查结果

步骤	执行结果和效果	时间	调整及原因说明
项目初步设计	设计了初步方案	按时完成	无
项目审批	获得审批	按时完成	无
确定技术方案	确定最终技术方案	按时完成	无
前期准备	调动人员、资金	按时完成	无
设备采购	从三家公司中选择了 A 公司	延期一周	调整了原定的厂商，调整了计划时间
安装施工	改造食堂设备	按期完成	无
调试（硬件、软件）	硬件、软件	按期完工	
试运行：发饭卡	公布食堂改革文件；全厂 80% 的职工在两周内拿到了新饭卡	发放时间延长一周	由于正值"五一"长假，发放工作延长了时间；职工意见大，加大了宣传工作的力度
试运行：IC 卡启动	使用两周后，有职工反映打卡机少，又进行了调整	延期四周	
正式运行			

每当一个阶段的工作结束以后，王科长都仔细检查计划执行的情况，并思考方案中出现错误和考虑不周的地方。在整个计划中，有三处明显的延误和调整。尤其是试运行中出现的打卡机少的问题，在原来的计划中并没有预料到，风险评估里也没有涉及，导致问题出现以后补救措施未能及时跟上，最终使整个工程延期长达六周。在总结报告中，王科长对此要进行详细说明。

【活动二】小组活动

小组成员各自描述自己解决问题成功或失败的例子，说明解决问题的过程，并总结其中的成功和不足之处。

评估：是否掌握了总结的方法

一、自我评估

1.列表法是否能够熟练运用？

2.是否撰写过总结报告？上交给领导的工作总结，领导评价如何？

二、小组评估

小组讨论分析案例"就业率"问题的解决过程，组长点评或相互评论。

要求：描述"就业率"问题解决的过程，用核查表总结并说明每一步做出决策的原因，总结整个问题解决过程中的成功和不足。

第三节　利用经验解决新问题

目标：学会利用经验解决新问题

我们通常能够从过去的事情中获得经验，并将这些经验用在以后类似的场景中，从而有能力面对越来越复杂的环境，解决越来越多的问题。但是如何分辨新的问题，是否与以前处理过的问题类似，是否能使用以前的方法，却不是件容易的事。通常情况下，有经验的人能够敏锐地发现两个问题本质上的异同。

本节我们将学会在面对新问题时，如何通过类比原来问题的解决过程，借鉴解决方法，并吸收经验教训。通过本节的训练，你将能够：

1. 指出两个问题的相似之处及其区别。

2. 说出是否能用原来的方法解决新问题。

3. 明白在用原来的思路解决新问题时，方法应该有哪些改变。

任务：面对新问题，如何利用经验

【案例】

如何应对突发问题

钱海是一个户外俱乐部的领队。他带领 1 个户外俱乐部的 8 名成员到郊区进行为期 1 天的登山活动。山里没有手机信号。登山刚开始 1 个小时，其中 1 名女队员突然摔倒，双手撑地的时候右胳膊脱臼。钱海判断她伤势严重，决定由 1 名男队员护送这位女队员下山到医院就医。钱海带着其余队员继续登山。

第二次，钱海带领 8 名成员徒步穿越沙漠，计划在沙漠里行走 3 天。在进入沙漠腹地之后的第二天下午，有 1 名队员肚子疼，休息 2 个小时之后情况仍没有好转。此时离最近的公路有 1 天的行程，而且也没有手机信号。

在第一次遇到困难时，钱海成功地解决了问题。这时需要总结经验，以便遇到类似问题时能迅速判断是否能用相同的方法。在第二次遇到困难时，钱海面临的问题就是将这次遇到的情况与第一次的情况进行比较。

提示：

1. 两个问题有哪些相似之处？有哪些区别？

2. 能否用上第一次解决问题的方法解决当前的问题？

3. 如果能用以前的方法，那么这种思路运用在新问题中需要做什么样的改变？

准备：学习比较问题的方法

类比是将过去的经验用于现在情境中最重要的一步，类比意味着要描述几个问题的相似性和差异性。

【案例】

东汉时期的著名医学家张仲景曾经经历过这样一件事：有一次他看到一个上吊的人似乎断气了，大家都认为这人死了。张仲景想："这人也许是憋昏过去了，小猪掉进水里憋了气，人们有办法救活，那么这个因上吊憋气而昏过去的人也许能使用同样的办法救活。"于是张仲景让周围的人把上吊者平放在床板上，叫两个人把昏迷者的两只胳膊一会儿往上举，一会儿放在胸前。张仲景则用双手按住他的胸部和上腹部，压一下再松一下，和那两个年轻人配合着动作，连续做了 20 分钟。那个人终于慢慢喘气了，睁开了眼睛，最后完全清醒过来。

张仲景在面对有人上吊的问题时，将这个问题与以前曾经遇见过的类似问题进行比较，想到上吊和溺水之间的相似性，并判断它们是同一原理，由此找到了解决问题的办法。

问题通常呈现出表面特征，同时也具有更抽象的结构特征。表面特征往往代表着结构特征，例如黄色的杧果和黄色的香蕉，黄色是它们的表面特征，成熟的水果是它们的结构特征，而黄色往往就意味着成熟。但是在更多的时候，表面特征和结构特征并不一一对应。类比问题的关键就在于能够指出表面的相似性，并看到结构的相似性。下面，我们对这两种相似性进行解释。

一、表面相似性

表面相似性是指原来的问题和后面的问题有相似的内容。例如，假如你看过电影《东方快车谋杀案》，并且对里面的情节记忆犹新。如果某一天你听说在西安开往南京的火车上也发生了一起谋杀案，"火车""谋杀案"，你自然就会联想到刚看过的电影《东方快车谋杀案》，也许就会将这两个不同的故事进行类比。假如你是破案人员，也许就会从《东方快车谋杀案》的破案情节中得到一些破案的启发或者思路。你为什么会联想起《东方快车谋杀案》的情节呢？这就是存在表面上的相似性——"火车""谋杀案"。

此外，如果你听说在某个轮船上也发生了一起谋杀案，或者听说在某个飞机的卫生间内发生了一起谋杀案，你是否会联想起电影《东方快车谋杀案》呢？"轮船""飞机""火车"都是交通工具，它们之间有一定的相似性，都属于交通工具的范畴，产生同样的联想也不奇怪。这就是我们所说的表面的相似性。同样是谋杀案，作案的动机、受害的对象、作案的方法可能都不相同，但都是在路途中发生的，也许破案人员能够从这里面找出某些规律性的东西，这就是利用表面的相似性获得解决问题的方法启示的类比法。

一般来说，从表面相似性上获得解决问题的经验，获得解决新问题的启迪，要侧重于对这种"相似性"的特点进行准确把握与归类。比如，上面提到的"火车""飞机""轮船"，它们的共同点不但都是一种交通工具，而且都是一个封闭的空间，还都具有同样的载人的功能，因此具有一定的可比性。如果换成是"在某个商场内发生了一起谋杀案"，这与《东方快车谋杀案》就没有什么可比性了。

不仅同一类的事物有相似性，有时候不同类的事物由于特征相同也会有相似性。例如，樱桃和一个穿着红衣服的女孩子，两者的相似之处是颜色，不过两者除了这点表面特征之外毫无其他共同点。在有些问题上这个共同点没有作用，但是如果一头发怒的公牛冲过来，这仅有的一个共同点"红色"就会成为问题的关键。

二、结构相似性

结构相似性也称为关系相似性，是指一个问题中对象间的关系能够对应于另一个问题中对象间的关系；换句话说，也就是两个问题之间有相同的抽象原则。表面特征的匹配让我们可以在一定的水平上去利用相似性，但是更多的情况下，关键在于结构相似性。

下面，用一道简单的关系类比问题说明结构相似性问题。

【案例】

面粉与馒头可以类比以下哪种关系?

A.鱼与池塘　　　　B.鸡蛋与母鸡

C.米与米饭　　　　D.茶叶与茶水

由于面粉可以做成馒头,而米可以做成米饭,因此面粉与馒头的关系就相当于米和米饭的关系。类比的过程是先从两种具体的事物中概括出一般的关系,然后再进行类推,把这种抽象的关系推用到对另外两种具体事物的认识上。所以,类比推理是对两组事物之间对应关系的直觉发现。依据这种同构关系的发现,推测这两组事物之间除了已被察觉的相似点以外,大概还有其他相似点,于是就直接从一个关系对应到另一个关系:A 与 B 的关系就像 C 与 D 的关系。

【案例】

堡垒问题

在战争时期,一个独裁者住在一个牢固的堡垒中统治全国。这个堡垒位于国家的中央,四周都是农场和村庄。一位将军在边境发动起义,计划要攻下堡垒,解放全国。如果整个军队同时进攻,就会取得胜利。但是,在每个方向的道路上都埋了地雷,只有小部分人可以通过雷区,大规模的武装力量经过时会引爆地雷,使攻击行动失败。将军应该如何成功夺取城堡呢?一个好办法是将兵力分散,从各个角度攻入,这样既可避免地雷爆炸,也可保证有足够的攻城力量。

肿瘤问题

一名医生对一个胃里有恶性肿瘤的病人进行了检查,发现病人身体问题很严重,只能采取不开刀的方式治疗。有一种射线可以杀死肿瘤,但是这种射线经过时同样也会损害健康的组织。低强度的射线不会对健康组织造成影响,但是其强度又无法消除肿瘤。如何利用射线来消除肿瘤呢?可以采用分散的方法,即用多个强度不高的射线集中对付肿瘤。

以上两个案例表面看起来毫无关系,但是它们都涉及分散与集中的策略。因此,这两个问题在结构上类似。

利用类比解决问题,可以:

1. 根据新问题寻找相似的旧问题

在遇到一个新问题时，我们要寻找有没有一个曾经解决过的相似问题。一旦找到一个旧问题与现在的问题在某种程度上相似，那么解决原有问题的程序就可以应用于新问题。这一步非常困难，特别是当两个问题表面特征不相似而结构特征相似的时候（例如堡垒问题和肿瘤问题）。有两个步骤可以帮助你训练这种类比能力：

（1）总结问题的原理。当遇到新问题时，通过问题的特征和特征之间的联系，总结这个问题的抽象信息或者原理。例如：将堡垒问题总结为"集中攻击就会遇到阻碍，减弱强度又会无法攻破"，根据这个较为抽象的叙述再从记忆里寻找与之类似的旧问题，人们也许就可以想起以前同一个类型的问题。将抽象作为桥梁，就可以将两个表面特征不同，但结构特征相似的问题联系起来。因此，利用原有经验的关键，在于能否从表面问题中抽取出抽象的原理。

（2）将新问题转化为已知的旧问题。把新问题转化为已知问题的思路在某些情况下是非常有作用的，而且很多问题也是这样，随着事情的发展，一个新问题就转化成了一个已知的旧问题。

例如，我们大家都知道，当身体出现不适时，市民解决这个问题的办法是打车到医院或者拨打 120。因此，前面提到的登山受伤问题，钱海他们最好的解决方法就是尽快送到城市医院，即将一个新问题转化为一个已知解决方案的旧问题。

2. 调整解决方法，解决新的问题

虽然我们找到了与新问题相似的旧问题，并准备采用旧问题的解决方案，但原来解决问题的程序并不能完全照搬，必须经过调整才能适应新问题。即使两个问题在表面特征和结构特征上都相似，也可能因为一些其他因素而不能完全照搬已有的方法。

以"堡垒问题"和"肿瘤问题"为例，虽然这两个问题在结构上一致，但是在细节方面有差异。例如，兵力很容易被分成几个部分，但是要用多个强度不高的射线集中对付肿瘤，就有一定的技术难度。如果使用几台放射仪，又会涉及医院是否有这么多设备的实际问题；所以只有根据新问题的特征对原方法进行调整，才能用原方法来解决新问题。

行动：是否掌握了比较问题的方法

【活动一】分析前述案例"如何应对突发问题"

钱海认为，这次的问题与上次的问题的相同点如下：

1. 队员中有人出现身体异常状况。

2. 全队处在离救援地点较远的地方，而且都没有手机信号，不能与外界联系。

3. 全队的计划没有完成。

不同之处如下：

1. 第二次比第一次离救援地点更远，第一次只需要两小时就可以到达医院，第二次至少需要一天。

2. 第一次队员的伤势虽重，但只是外伤，而且由于没有伤口，不会感染，所以情况明了，不会进一步恶化。第二次队员的身体情况不明，钱海很难判断队员肚子痛的原因，不知道是很快就能好转还是会进一步恶化。

两个不同点非常重要，使得第二次的问题和第一次的问题在本质上有区别，因此，第二次不能完全参照第一次的做法。他认为，第二次需要全队立刻改变计划，向离沙漠最近的公路进发，并与最近的医院联系，请他们派医生前来救援。由于两次问题都存在离救援地点较远且失去与外界联系的情况，因此也会利用第一次的部分经验，比如在撤退的过程中不断尝试用手机沟通，一旦出现信号立刻请求救援，等等。

【活动二】小组讨论

请说出工作生活中遇到的两个相似的问题，并分析两者的相似点和不同点，小组成员相互评价。

评估：是否能用经验解决新问题

一、类比练习

下面四个答案中哪个与问题有相似的结构关系？

1. 汽车—运输

A. 渔网—编织　　　B. 编织—渔网

C. 捕鱼—渔网　　　D. 渔网—捕鱼

2. 轮船—海洋

A. 飞机—海洋　　　B. 海洋—鲸鱼

C. 海鸥—天堂　　　D. 河流—芦苇

3. 深山—老虎

A. 生猪—工厂　　　B. 教室—学生

C. 农民—干部　　　D. 野兽—旷野

二、案例分析练习

分析前述案例"宾馆遇到的电梯问题"，说明下面的问题与该案例问题的解决在表面上和结构上的相似程度。

1. 工厂工人原来的工资按照工作时间计算，但是发现工人们消极怠工现象比较严重，随后改为按件计发工资。

2. 某健身俱乐部推出两种卡：一种是年卡，2200元，一年之内可任意去；一种是次卡，1200元，只能消费40次。

3. 某大学开始实行的工资制度是按职称定工资，后来发现达到一定职称之后，教师都不愿意教课了，便改为除基本工资以外按课时定工资。随后又发现教师不愿意做科研，最后又调整为除基本工资、课时工资外再按科研成果定工资。

参考书目

1. 贾俊平，何晓群，金勇进编著 . 统计学 . 北京：中国人民大学出版社，2000.

2. 孙江华 . 媒介调查分析 . 北京：经济管理出版社，2005.

3. 王文中编 . Excel 在统计分析中的应用 . 北京：中国铁道出版社，2003.

4. 张俊娟编著 . 问题解决能力培训班全案 . 北京：人民邮电出版社，2011.

5.［日］佐藤允一 . 问题解决术 . 北京：中国人民大学出版社，2010.

6. 徐宗本，柳重堪主编 . 信息工程概论 . 北京：科学出版社，2012.

7. 吴祖玉编著 . 信息系统工程基础 . 北京：人民邮电出版社，2001.

8. 曹雪虹编著 . 信息论基础 . 北京：清华大学出版社，2009.

9. 任开隆编著 . 数字应用能力训练手册 . 北京：人民出版社，2011.

10. 人力资源和社会保障部职业技能鉴定中心组编 . 解决问题能力训练手册 . 北京：人民出版社，2011.